品成

阅读经典 品味成长

高手之路

从新手到高手的底层方法

粥左罗◎著

人民邮电出版社

北京

图书在版编目（CIP）数据

高手之路 / 粥左罗著 . -- 北京 ： 人民邮电出版社，
2024. -- ISBN 978-7-115-65423-6

Ⅰ . B848.4-49

中国国家版本馆 CIP 数据核字第 2024CP6219 号

◆ 著　　　粥左罗
　责任编辑　孙　睿
　责任印制　陈　犇
◆ 人民邮电出版社出版发行　　北京市丰台区成寿寺路 11 号
　邮编 100164　　电子邮件 315@ptpress.com.cn
　网址 https://www.ptpress.com.cn
　文畅阁印刷有限公司印刷
◆ 开本：880×1230　1/32
　印张：6.625　　　　　　　　　　2024 年 10 月第 1 版
　字数：129 千字　　　　　　　　2025 年 8 月河北第 4 次印刷

定价：52.80 元

读者服务热线：（010）81055671　印装质量热线：（010）81055316
反盗版热线：（010）81055315

序言

为了让这本《高手之路》更有说服力，我就稍微"骄傲"一下——本人算是一个久经考验的学习高手。在不绝对依赖天赋的领域，从新手到高手，我都快人几倍。

1. 高中3年，成绩从班里倒数到文科班第一。

2. 复读1年，提分40分，考上"211"大学。

3. 钻研1周，零经验成功转行，进入新媒体行业。

4. 2个月，从写作"小白"①到写出第一篇阅读量超过10万的撰稿人。

5. 1年半，从打杂小编成长为年薪50万元的内容副总裁。

6. 1年，从默默无闻的从业者到新媒体行业知名讲师。

7. 5个月，从创立公众号到做成单条广告报价5万元的知名公众号。

8. 6个月，社群付费成员超万人，成为行业头部。

9. 100天，通过连续直播，直播间跻身视频号头部行列。

10. 2周，通过模仿借鉴，发布一条爆款短视频，涨粉8万。

---

① 本书中的"小白"均为新手的意思。

11. 10 天，通过学习与咖啡相关的课程，成功开店并实现首月盈利。

12. 每年研究透一项能力并取得实战成果，同时提炼出方法论，总结成课程和图书。

......

当然，我需要说明一下，我并没有在任何领域成为大师，做出的也不是什么天大的成绩，也没说自己多了不起，我只是与大多数普通人相比，在某些方面做得更好、更快。所以，我想把自己的经验分享出来，帮助更多人。

我有一套底层方法，无论在哪个领域，只要我想，它都会让我比大多数人学得更快。

本书分四章介绍了这套底层方法。第一章，彻底讲透在任何领域从新手到高手的路线图，让大家真正知道该怎么上手。第二、三、四章是在第一章的基础上，讲一些更具实操性的方法，比如如何缩短从小白到高手的进程，在学习、实践、思考等方面如何加速。

这里我要提醒一下大家，整套方法一点儿都不难，甚至你看完后还会觉得："就这？"其实，讲这种底层方法，最重要的是给大家提供一个实用、简单、干净的框架，让大家真正了解它，并把它刻在脑子里，刻在心里。所以当你觉得太简单不想看下去时，再坚持一下，毕竟世界上伟大的方法论都不复杂，更不花里胡哨。

目 录

第一章

从新手到高手的核心逻辑

第一节

本质：学会任何技能、掌握任何能力，必须做到哪两点

本章我们将讲透从新手到高手的路线图，这一节我们先讲学会任何技能、掌握任何能力必须做到的两点。无论你是学写作、做直播、做课程，还是学沟通、管理、销售，抑或去健身、蹦床、游泳，又或是学炒菜、带娃，想学会一项技能、掌握一项能力，从小白到高手，都必须做到两点：认知到位 + 实践到位。

一、认知和实践可以缺哪个

想学会一项技能，可以缺实践吗？显然不可以。

这么一个显而易见的常识，很多人就是不懂。否则，不会有人经常来问："粥老师，为什么听完你的写作课，我还是写不好？"

这件事如果你相信常识，就不会来问，就像你在网上看完滑雪教程，就会滑雪了吗？当然不是，你还会摔很多个跟头呢。这个常识大家都知道，可为什么在写作上，却希望听完课就能写好文章

呢？即使有了好的方法论，也必须在写作实践中提升自己的写作能力。

很多人想学做直播，听了我的几次分享后学到了一些技巧，但是依然做不好，就会来问为什么。答案很简单，因为你直播的次数还不够多。

所以想真正学会一项技能，实践是必不可少的。但实际上，很多人经常忽略了实践。

有些人想要学写作，就买一些写作课；想学做新媒体，就买很多新媒体的课；学习打造个人 IP，又买了一堆课。课买得很多，却从不实践。这类人其实就是没有从本质上思考清楚——只学不做是不可能成功的。

只学不干是没有任何意义的。学是为了干，学是手段，干是目的，有很多人沉迷于手段，却忘记了目的。人类的一切真实成就和结果，都是从实践中"生长"出来的。如果我们从本质上搞清楚了底层逻辑，就会知道没有实践是绝对不可能真正掌握一项技能的，但现实中就是有很多人只学不实践。

反过来说，想学会一项技能，可以缺认知吗？答案也是不可以。但是，现实中有一部分人是不太相信认知的，他们觉得听课学习没有用，只有去做才有用。于是，他们把所有心思都放在实践上，不愿意去买一本书来看或买一门课来听，觉得各种训练营都没用，不相信学习可以提升掌握一项技能的速度。不管在哪个领域，天天埋头苦干，不通过学习提升认知，都是不理智的行为。

聪明的做法是什么？想在哪个领域做出成绩，就去找该领域已经有所成就且愿意分享经验的人，买他的书、买他的课、看他的分享，有免费的最好，付费的也不会太贵。

认知指导实践，我们的实践水平不会超过自己的认知水平，但现实中总是有很多人想挑战这个规律。

其实这类人特别多，要么是认知不到位，要么是实践不到位，而真正意义上完全相信这二者缺一不可，又能很均衡地去落实的人，少之又少。

二、认知和实践哪个更重要

对于这个问题，我相信不同的人会有不同的答案。有的人认为认知更重要，有的人认为实践更重要。

我认为两个都重要。首先，只有将认知和实践结合在一起，才能发挥作用。其次，认知和实践，任何一个都是无法完全孤立存在的。没有人能够在实践时撇开认知，也没有人能够在习得认知时完全脱离实践。

我们无法故意不用认知去指导实践，或者在实践中故意不去总结新的认知，因为认知和实践天然就是相辅相成的。在实践时，我们会情不自禁地使用认知；在习得认知的过程中，我们也会不由自主地观察和实践。

但大多数时候，都不是我们主动、刻意去做的，而是一种条件反射。但是，这种被动、自然而然的学习会让我们进步很慢，只有主动、刻意地学习，才会快速进步。

在实践过程中，我们一方面要主动调动认知去指导实践，另一方面也要刻意根据实践去总结认知。这种主动和刻意开展的学习，会让我们进步神速，从而更快地掌握一项技能。

这就是为什么有的人一年即可掌握一项技能，但有的人进步得很慢，做了三五年也还只是普通水平。

认知和实践到底哪个更重要？答案很简单：缺哪个，哪个就更重要。对于那些天天看书、看文章、听课、参加社群，认知水平很高，但一直不怎么实践的人来说，实践更重要；对于那些天天很努力地实践，但没有总结出一套系统认知和方法论的人来说，认知更重要。

三、为什么兼顾认知与实践，却依旧没有成果

为什么有的人花了很长时间，还是没有掌握某项技能或能力呢？了解清楚前面两个问题后，我们大概就能知道原因了。总结一下：第一种是认知不到位；第二种是实践不到位；第三种是认知和实践都不到位。

我们一定要学会从根本规律和根本方法出发，简化分析框架，这样才能抓住问题的主要矛盾和主要矛盾的主要方面，从而有针对

性地解决问题。

我们可以想一想，有什么事情是自己做了很长时间但仍然没掌握的，或者有什么能力是自己一直训练，但是仍然没有成为个中高手的，然后代入上面的三个原因，只要我们对自己诚实，就会清楚地知道自己的问题出在哪儿了。·

第二节

定义：怎样才算学会了、掌握了

　　一项技能或一种能力，到底怎样才算学会了、掌握了？不管我们要学习什么技能，都要先明确这一点。比如，到底怎样才算是掌握了新媒体写作的技能？怎样才算学会了做直播？怎样才算学会了做一门课程、做一个社群？怎样才算具备了销售、沟通或管理能力？清晰地定义问题，永远是解决问题的关键。

　　于我而言，有一套成熟的认知方法用于指导实践，能够让自己持续达到预期结果，才算真正地学会了、掌握了某项技能或能力。对此，我要强调以下两点。

　　第一，得到结果还不够。首先，只拿到一次结果可能是运气使然；其次，即便是靠自己行动得到的结果，也可能并不知道自己是如何得到这个结果的。

　　不管是哪一种情况，都意味着下一次不一定能得到同样的结果。这就不能算是真正学会了、掌握了。所以，我们不仅要得到结果，还要总结出一套方法，帮助自己可以持续取得预期的结果，才能算真正学会。

第二，有 5 个关键词很重要。这 5 个关键词就是真正学会、掌握一项技能的标准，分别是"你""认知方法""指导实践""预期结果"和"持续"。

一、是"你"有一套认知方法，而不是别人有

这里的关键词是"你"，即这个方法必须是"你"自己的，而不是别人的。

举个例子，你通过看书、听音频课、参加训练营或社群跟我学写作，学完后，你就拥有一套方法了吗？并不是，你没有。因为这套方法依然是我的，不是你的，这就不能算是你学会了。等到某一天你有了自己成熟的认知方法，才算是你真正学会了、掌握了。尽管可能有借鉴和认知上的重叠，但是你的认知方法不可能与我的一模一样。因为认知源于实践，每个人的实践都大不相同。

我写一篇有关某个领域、某个热点的文章，这样取标题、搭框架、写结尾，阅读量超过 10 万。我一次又一次地写，每次的实践都不一样；同样，你的实践和我的实践也必然不一样，因为你的领域、公司、账号定位、粉丝量等都和我的不一样。不同的实践必然带来不同的认知。

你想持续得到好结果，必须在实践的过程中不断地调整你的方

法，直到它变得成熟，可以反过来指导实践。

二、你有一套"认知方法"，而不是感觉、感受

大多数不擅长使用方法论来学习和精进的人，都是凭感觉和感受做事的。有时，我听一些人讨论一篇文章是怎么成为爆款的、一个社群是怎么做到续费率这么高的，发现他们都是凭感觉和感受来分析的。用感觉和感受来指导自己做事，成功率一定是低的，做精品的能力一定是不足的。

要想在某一个领域持续成功、持续得到结果，一定要把自己的感觉和感受升华成认知和方法。感觉和感受都是感性的，但认知和方法是理性的。从感性到理性的过程，需要有一个归纳总结，需要有一个升华。

三、认知方法要能够"指导实践"

有了一套认知方法还不够，这套认知方法还要能够"指导实践"，经得起实践的检验。

举个例子，你总结出一套写爆款文章的认知方法，还不能算是真正具备了该能力，必须真正靠这套方法写出了多篇爆款文章，才说明这套认知方法是可行的，才说明你真正掌握了该项技能。

认知方法必须通过实践检验，只有实践才是检验真理的唯一标准。

四、要能够产生"预期结果"

除了能够指导实践、经过实践检验，认知方法还必须能产生"预期结果"，即用认知方法来指导实践，必须能得到自己所预期的结果，这样才能说明这套认知方法有用。反之，则说明这套认知方法还是有问题。如果认知方法有问题，我们就要去分析是哪里有问题，然后进行加工优化，并不断重复该过程，直到得到预期结果。

比如真正写出了多篇阅读量超过 10 万的爆款文章、做出了一套得到广泛认可的好课程，或者做出了一场很好的直播、一条爆款短视频……实践结果达到了预期，就说明认知方法初步奏效了。

五、要"持续"达到预期结果

除了以上几点，还有一个非常重要的词叫"持续"。也就是说，你将这套认知方法多次用于实践，每次都能得到了很好的结果，即能够"持续"得到预期结果，这才说明这套认知方法有效，说明你真正掌握了这项技能。

以上 5 个标准可以帮助我们检验自己是不是真正学会了、掌握了某项技能或某种能力。

比如在写作上，在做新媒体上，在打造个人 IP 上，在做各种形式的知识付费产品上，我都有自己的一套认知方法，我一直用这些方法来指导实践，并持续得到了很好的结果。所以在这些事上，我就是已经学会了、掌握了，甚至可以称得上是高手了。

　　但是，在健身、家庭经营、有效阅读、管理、创业等方面，我都不算学会了、掌握了，更称不上是高手。因为在健身方面，我虽然做了，有很多经验心得，但并没有形成一套真正的系统认知方法；在管理上，我有一些认知方法，但不成体系，在具体实践时，还会出问题，无法持续得到好结果；在创业上，我还处在系统学习别人方法的阶段。

第三节

做到：从新手到高手必须经历怎样的过程

本节内容几乎是整本书中最重要的一节，后面的内容都是在这一节的基础上展开的——本节我们讲所有领域从新手到高手的进阶路线图（如图 1-1）。

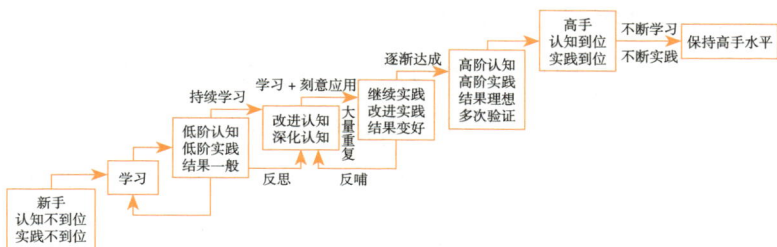

图 1-1　新手到高手的进阶路线图

这个路线图请反复学习、理解，直到可以清晰而有逻辑地讲出来。此路线图适用于所有领域，它既是通往高手之路的指导，也是要求，时刻提醒我们不要抱有侥幸心理。

一、路线图简要版解读

新手是"认知不到位、实践不到位"，高手是"认知到位、实践到位"。从新手开始学习，伴随着尝试性实践，就可以得到低阶认知。但由于此时的实践一定是低水平的，因此得到的结果大概率是不理想的。

接下来就是改进和深化认知：一方面，继续学习；另一方面，在低水平实践得到不理想结果的过程中不断反思。

在改进和深化认知的过程中，我们的实践水平肯定在不断提升，但也不会一下子就得到理想的结果。在这个过程中，我们既能总结做得好的经验，也能汲取做得不好产生的教训，经验和教训可以用来反哺认知，从而继续帮助我们改进和深化认知。当然，在这个过程中，我们依然要持续学习。

改进认知、深化认识，继续实践、改进实践，这两个环节循环进行，大量重复，最终，我们从低阶认知"进化"到高阶认知，从低水平实践"进化"到高水平实践。高阶认知用于指导高水平实践，可以得到理想的结果。但一次还不行，要多次验证，多次验证成功后，我们才会进阶成高手。

二、先进行实践还是先学习认知方法

新手的认知不到位，实践不到位，那么，是先进行实践，还是先学习认知方法？

答案是二者同时进行。

认知完全学到位需要充足的时间。仅仅把书和课都消化理解透，可能需要几个月甚至半年的时间。但是，如果纯学认知方法，不配合实践，反而会学得更慢，毕竟站在岸上学不会游泳。

虽然我们说二者可以同时进行，但是在开始阶段还是有侧重的，应该更倾向于先学习认知方法。因为认知方法可以指导实践，没有正确的认知方法做指导，直接进行大量、高强度的实践是盲目、低效的。有些人做事情就是直接闷头开干，不懂得先找到好的认知方法的重要性，所以很容易犯错。

三、为什么无法快速取得理想的结果

学习了很好的方法论，为什么不能很快得到理想的结果呢？

一方面，只有高阶认知才能指导高阶的实践，进而才能取得理想的结果。而无论我们多么聪明，无论我们学习了多好的方法论，最初得到的都只能是低阶认知，而低阶认知只能导致低水平实践和不理想的结果。另一方面，我们的实践水平也是在一次又一次的实践中逐步提升的，即使我们后期掌握了很多好的认知方法，最初的实践水平也一定是低的。

四、为什么只能得到低阶认知

为什么学习了很好的方法论，最初也只能得到低阶认知呢？

因为从本质上讲，认知只能源于实践。要想知道手里的苹果酸不酸，必须亲自实践——咬一口。

学习很好的方法论，就等于别人咬了一口苹果，再告诉你苹果的味道。不管别人告诉我们苹果的味道酸还是不酸，其实我们得到的都是别人的认知，不是自己的认知。这个苹果到底什么味道，我们并不知道。

我们学习认知方法，其实是走捷径，为了让它更好地指导我们开展实践。但我们还没有实践或者还没有实践出成果，因此，我们通过学习得到的认知方法，不论多高级，从本质上讲都是低阶认知。

另外，我们一开始学习某一套认知方法，不可能一次就百分之百地吸收，能吸收三成就已经很不错了。为什么要重复学习？因为每一次学习，都能吸收新东西。

注意，这里不是指我们所学的认知方法本身是低阶的，而是即使认知方法很高阶，由于我们没有实践，加上无法一次百分之百吸收，所以这时所学到的认知方法肯定是低阶的。

五、低阶认知与高阶认知

说了这么多，低阶认知与高阶认知到底有什么区别呢？

什么是低阶认知？ 我总结了以下几个特征。

第一，低阶认知是感性的，不是理性的。因为实践不到位，别人讲得再理性，自己得到的也是感性认知。

第二，低阶认知是现象的，不是本质的。因为没有真正实践，无论学得多么认真，自己看到的依然是表层的东西。

第三，低阶认知大多是片面的，不是整体的。学习不是一蹴而就的，它有一个循序渐进的过程。在这个过程中，我们学到的肯定不是全面、整体的，即使一下学完了所有内容，也不会全部理解，所以得到的东西依然是片面的。

第四，低阶认知是模糊、可能有错误的，不是清晰、准确的。因为没有实践，无法得到清晰准确的认知，甚至有不少地方还会有错误理解。

第五，低阶认知是外部联系的，不是内部联系的。任何事物都是一个系统，最初我们只能看到此系统和其他系统的外部联系，还看不清系统内部各要素的联系。

第六，低阶认知是僵化的，不是灵活创新的。天底下没有一模一样的实践，每种实践都可以得到不同的认知。因此，没有经历多种不同的实践，直接通过学习得到的认知方法就是僵化、固定的。

第七，低阶认知是纸上谈兵，不是实战。通过总结得到的方法论都是相对确定的，而现实中实战是充满不确定性的。

什么是高阶认知？高阶认知是已有认知发生质变得到的，是理性、本质、整体、清晰、准确的，是系统内部联系的，灵活创新的，实战的。

第一，它不是一次成形的。首先，认知本身就是需要逐步深化的，不可能一次成形。其次，同领域中有相似的实践，但不会有一模一样的实践，必须多次在不同的实践中都得到了比较好的结果，并借此不断完善高阶认知才最终成立成形。

第二，它不是一劳永逸的。因为世界在发展，一切都在变化。一套认知方法，今天有效，两年后未必还有效，所以我们要在变化中，不断地对其进行改良。当然，大多时候，底层的基本方法是不变的，我们只能在变化中逐步改进。

六、学到什么程度开始实践

我们学认知方法时，往往一开始就伴随着少量的尝试性实践。比如，我们看滑板的教学视频，一般会买一块滑板，一边看视频，一边尝试性地滑几下。

但是少量的尝试性实践与大量实践之间不能间隔太久，先学个大概，基本掌握了，就可以开始加量实践，直至大量实践。

为什么呢？

第一，根本原因是认知源于实践。如果不实践，再怎么学，获得的还是低阶认知，还不如尽快实践起来，尽快提升认知水平。

第二，学习的目的本来就是实践。虽说磨刀不误砍柴工，但天天磨刀，从来不去砍，自然一无所获。

第三，认知源于实践，只学不实践，学习的速度是很慢的，加上实践后，才会快起来。

开始实践后，还需要继续学吗？答案是肯定的。学，是要贯穿始终的，无论我们处于新手阶段、熟手阶段，还是高手阶段，都不能停止学习，千万不要陷入只实践不学习的误区。

七、如何改进认知、深化认知

一是用实践反哺认知，用成功来强化、深化相应的认知方法；用失败来改进相应的认知方法。

二是持续学习，通过学更新的认知、更丰富的认知、更细节的认知、更高水平的认知，来改进和深化已有的认知。

八、如何提升实践水平

第一，一遍又一遍地实践，在实践的过程中不断提升实践水平。

第二，不断把改进了、深化了的认知刻意应用于实践，改进实践手段，强化成功经验，可以加倍提升实践水平。

我们必须把改进实践和深化认知结合起来并大量重复。不能将二者割裂，否则必然低效。因为认知指导实践，实践反哺认知，二者是相辅相成的。新的认知必须重用新的实践检验，否则新认知是无法成立的，而新的实践也必须结合以往的经验教训，否则很可能重蹈覆辙。

认知和实践都是逐步从低阶进化到高阶的，这个进化过程需要大量重复，绝不可能一蹴而就。

　　即使成为高手，也不可能一劳永逸。世界在变，环境在变，条件在变，我们也在变，因此，在任何领域，做任何事情，要想保持高手水平，都需要不断总结认知，不断用新的认知指导实践。

　　当然，一旦我们在某方面成了高手，保持高水准也并非难事，因为任何事物再怎么变化，其核心是不会变的。

第二章

如何高效学习，加速从学习到掌握的进程

　　前文我们讲过，新手之所以是新手，是因为其正处于认知不到位、实践不到位的阶段，高手则是认知到位、实践到位。那么，新手如何进阶成高手？答案是从新手开始，一边学习一边进行尝试性实践，得到低阶认知，然后逐步加大实践量；接下来，继续学习，并结合已有的实践，不断改进和深化认知。

　　深化认知—继续实践—改进认知—改进实践，这几个环节反复进行、大量重复，最终，我们的认知就从最初的低阶水平进化到高阶水平，我们的实践也从低阶水平进化到高阶水平。高阶认知指导高水平实践，便可得到理想的结果。但仅仅得到一次理想的结果还不行，要多次验证成功后，我们才算真正进阶成高手了。

　　在这个过程中，学习是贯穿始终的。作为新手，最初必须通过学习得到一定的认知方法，才能开始相对正确的实践；在改进认知和深化认知的过程中，也始终不能离开学习，用所学不断指导新实践。

第一节

直奔高手：如何筛选出 4 个级别的可信之人并向他们学习

看了前面的内容，可能有人会问：如果我能提高学习效率，是否就能加速从新手到高手的进程？是的，毫无疑问。所以，本节我们就讲一讲如何直奔高手。首先，要筛选出 4 个级别的可信之人并向他们学习。

一、直奔高手，向可信之人学习

1. 筛选学习对象

假如你是一个新手，想要快速成长为高手，第一步怎么做？不是直接大量实践，而是大量学习，然后进行少量实践。对此，前文已详细介绍，此处不再赘述。

现在，让我们再向前推一步：学习的第一步是什么？

高效学习的第一步，不是学，而是决定跟谁学，即筛选学习对象。无论学什么都应该这样做，即学之前先找合适的"老师"。

比如，我和你同时开始学乒乓球，同样都是每天学两小时、练两小时，但我跟着乒乓球专业运动员学，你跟着小区里几个乒乓球爱好者学，一个月后，咱俩谁厉害？毫无疑问，是我。

跟谁学，学什么水平的方法认知，决定了我们的学习和进阶效率。

2. 什么是好的学习对象

如果我们想习得一种知识或技能，最好的方法是找到那些已经习得该知识或技能，并在该领域已成为高手的人，研究他们是怎么做到的。

可能有朋友会问，学习是一个循序渐进的过程，我刚入行，就直接向顶尖高手学习，能学得会吗？

其实，按学习的对象进行划分，学习可以分为两种方式：一种是典型的，需要一步一步进阶的，如物理、数学等；另一种是不需要一步一步进阶，可以直接学顶尖的，其实目前我们所学的大部分内容，都适用这种方式。比如，想学书法，是不是可以直接临摹大师的作品？当然可以。

新媒体写作，也是如此。比如，该领域有 3 位写爆款标题的高手，其水平分别是 70 分、80 分、90 分，我们一定要直接向那位 90 分的高手学习，而不是先向 70 分水平的人学习。

同为高手，我们要更多地向其中的“可信之人”学习。“可信之人”这个概念，我是在桥水基金创始人瑞·达利欧（Ray Dalio）那里学到的。

什么是"可信之人"？我总结了一下。

第一，作为某一领域的"可信之人"，必须至少在该领域中有过 3 次及以上成功的经历，拥有"硬履历"。可信之人必须拥有多次成功的经验，只成功一次还不行，因为那次成功有可能是刚好走运，或者获得某个方面的强大有利因素，下一次则不一定能做成。不靠实力的成功往往不能持续，因此我们要找那些在某领域获得至少 3 次成功的人，因为他能够持续成功，就说明他一定有自己的方法逻辑，而且这套方法逻辑是持续得到验证的。

为什么十几万人跟我学，因为我写过百余篇浏览量超过 10 万的文章，靠写作做了两个公众号大号，写出了畅销书，出了爆款课程，给很多大品牌写过品牌文案……因此，在写作这件事上，我是可信之人。

第二，可信之人必须对自己是如何获得成功的，有很好的理解与分析，被质疑时，可以做出合理、自洽的解释。也就是说，可信之人不能只是高手，高手是持续获得成功，可信之人是在持续获得成功的基础上，还能讲好自己是怎么做到的，能输出合乎逻辑、充满说服力的认知方法，并且不怕追问和质疑。

第三，可信之人必须是一个三观端正、真诚分享、热爱教学的人。学习，怕走弯路，而最大的弯路，不是所学的内容不好，而是在学习的过程中接受了错误的观念。学习，一定要跟着走正道的老师学，同时，这位老师还要真诚分享，且内心是真正热爱教学的。现在知识付费很流行，但有多少所谓的"老师"，内心是真正想做好教育的呢？

选择老师时，我们不妨花些时间去看他的公开表达，看他的文章、短视频、直播等，在他的字里行间、举手投足中感知他的三观和品格。然后，看这位老师是怎么宣传自己和自己的作品的，是不是真实、真诚的。那种夸大自己的成绩，给出很多承诺，不了解情况就劝人买课，学费又不便宜的，就要小心了。

满足以上三点的人就可以算作某领域的可信之人，是我们的最佳学习对象。

3. 学习可信之人的哪些方面

第一，学习可信之人的认知方法。

我一直在个人成长和新媒体两个方向上努力做好课程。在每个课程的介绍页面上，我都会设置一个模块，告诉大家这件事，为什么可以跟我学。因为只有拥有高阶认知的人，才能进行高水平的实践，并得到理想的结果。我罗列出自己在该领域的高水平实践和所得到的一系列理想的结果，自然就可以证明我在这件事上的认知方法是高阶的，是值得大家学习的。学习这种高阶认知方法是最直接、高效的，最应该反复学的，这也是我说买了我的课，只听一遍就亏了的原因。

第二，学习可信之人的实践。

从新手到高手，要经历从低阶认知到高阶认知，从低水平实践到高水平实践的过程，因此这两个方面都需要学习。

虽然我在课程里讲了很多做直播的认知方法和实操技巧，但只学习课程就够了吗？当然不够。认知源于实践，你学了我的认知，最好还要对照我的实践自己反复实操，分析总结。比如，你要跟我学写作，不能只听我的写作课，还要去阅读我写的每一篇爆款文章，并在阅读的过程中拆解、分析、总结，并尝试按你得出的方法反复进行模仿写作，直到你能写出一篇出色的文章。这就是学习可信之人的实践。

第三，跳出具体事情，更综合地学习可信之人。

这一点极其重要。天底下没有一模一样的实践，不可能取得一模一样的结果，因为我们的性格、经历、三观、目标、资源等都不同。而且同一件事，三年前行得通，现在不一定，因为外部大环境在变，具体的实践条件在变。

因此，要想真正获得成功，就要跳出具体事情，更综合地学习，透过现象，学到本质；与此同时，还要模仿借鉴，具体问题具体分析，灵活创新，而不是僵化照搬式地学。因此，向可信之人学习，最终要跳出具体事情综合地学习这个人，这样才能学到灵魂。

4. 从哪里学习可信之人的认知方法

首先，找到可信之人的自媒体账号，包括公众号、视频号、抖音、小红书、哔哩哔哩等，找到了就关注并学习。

　　除了公开的自媒体，还要尽量找到他的社交媒体账号，最好是他的个人微信号，加为好友后，观察他的朋友圈在发什么内容，观察他平时在做什么事情，然后不断地学习、模仿。

　　其次，购买可信之人的知识产品。如果可信之人出过相关领域的知识产品，如图书、课程、社群、训练营、一对一咨询等，都可以根据自己的情况购买学习。

二、如何筛选出 4 级可信之人并向其学习

1. 4 级可信之人的定义

　　可信之人可以分成 4 级，分别是可以的熟手、优秀的高手、卓越的大师、封神的传奇。在学习、掌握一项能力的过程中，我们要把 4 个级别的可信之人都找到并向他们学习，但他们在各个阶段扮演的角色是不一样的。

2. 4 级可信之人分别提供什么价值

第一，向卓越的大师学习认知方法。

　　假设可以的熟手是 70 分，优秀的高手是 80 分，卓越的大师是 90 分，封神的传奇是 100 分，那么，我们要学认知方法时，应该跟谁学？

　　首先，我们肯定不找 70 分的熟手。比如新媒体写作，很多新媒体编辑就是这方面的熟手，他们在这件事上早做了几年，比我们

拥有更丰富的经验，能靠此谋生。但是，他们不一定有可供借鉴、成熟的方法论。

其次，尽量不找 80 分的高手。还是以学写作为例，很多写作训练营的助教老师都是 80 分的高手，但是既然市面上有很多 90 分的大师也在提供认知方法，那么我们完全可以直接向 90 分的大师学习。比如你想学写作，有一位公众号运营得还不错的人做了一门写作课，还有一位内容大号创始人也做了一门写作课，应该跟谁学？显然是后者。而且同样是内容大号的创始人，一位是百万大号创始人，另一位是千万大号创始人，你也应该跟后者学。总之，只要有更好的，就一定要直奔那个更好的。当然，前提是他们都很擅长输出干货的方法，以及他们都是三观端正、愿意分享的人。

那问题出现了，为什么不跟封神的传奇学？不是不跟他们学，而是绝大部分在某领域封神的人不会写一本书、出一门课、做一个训练营或社群来教大家这件事。还有一点是，封神的人大多是百万里挑一的天赋异禀之人，而这恰恰是大多数人所没有的。

所以，学认知方法，我们要找卓越的人学，找那些能做到 90 分的大师学。

第二，把封神的传奇作为精神信仰。

封神的传奇存在的意义就是精神信仰，这极其重要。进入任何一个领域，都要去找传奇人物，他们就是我们在这个领域做下去的精神信仰，是我们要追寻的光，这就是传奇存在的意义。

第三，从优秀的高手那里得到具体指导。

虽然不建议把 80 分的高手的认知方法作为核心去学习，但要尽力争取机会得到他们手把手的指导。比如，写作训练营中的学员既能在训练营里学习 90 分大师的方法技巧，又可以得到 80 分助教的指导、点评。这些 80 分的高手在我们的学习之路上，提供的是直接的指导，一对一解决问题的方案，或者是近距离的领跑。

第四，把可以的熟手当作眼前的榜样。

熟手提供的价值，是一种近在眼前的榜样或激励。

比如你想学写作，就应该认识一批 70 分的写作熟手，他们不像高手、大师那么遥不可及，更不是传奇，他们是大多数人跳一跳就能够得着的人。

比如你要健身增肌，就应该找一些已经健身较长时间的熟手作为榜样，平时也要多跟他们交流。

又如我的一些学员就做了自己的成长陪伴群，专门陪伴一些更基础的同学一起学习各种课程、社群等。他们既不是高手也不是专家，但他们比大部分人学得更好一些，算是熟手，完全可以带一带新人，这也是很有价值的。

以上就是 4 级可信之人分别提供的价值。

进入一个领域，想更快地找到这个领域的 4 级可信之人，应该怎么做？

先找到几个靠谱的可信之人，看他们有什么交流群或者付费社群可以加入，加入后，这个圈子里的信息、资源和关系链就会向我们开放，我们就可以快速找到更多的 4 级可信之人。

比如你想学习做自媒体、个人 IP、知识付费，在我的社群里就可以直接找到很多各级别的可信之人。

第二节

付费学习：做好"时间买手"

从新手到高手的过程主要解决两个问题：一是解决认知从低阶到高阶的问题；二是解决实践水平从低到高的问题。在这个过程中，学习是贯穿始终的，学习的效率在很大程度上决定了从新手到高手的速度。

学习，无外乎免费学，付费学，以及二者相结合。

直到目前，很多人在付费购买知识产品方面还没有形成明确的认知，总觉得网上免费的知识都看不过来，付费的知识不见得有多好，"知识付费"不过是"敛财"的代名词。

会这样想的人不知道，用金钱"换"时间的人会越来越强大，有机会在短时间内远远甩开大多数人。

一、为什么要付费学习

1. 付费学习可以一次性得到一整套系统的高阶认知

免费的学习，无论刷短视频、看公众号文章，还是看别人的直播分享，都只能得到一些单点的、碎片的高阶认知，付费学习则可以一次性得到一整套高阶认知。

任何知识、能力或技能等都是一个系统，都有整套、系统的高阶认知，一个单点一个单点地获取，有两个弊端：一是浪费时间；二是可能根本无法学到一整套认知，因为缺少认知学习的规划。

比如，学新媒体写作，网上确实有许多免费的写作干货，但一条短视频只能讲一个拟定标题的技巧，或者分析一篇公众号文章，讲讲怎么追热点等。一个人花费大量时间去搜集、整理，也未必能获得整套、系统的认知方法，但如果买一套课程，一下子就能学到所有知识和技巧。

更重要的是，一次性系统地学完一套认知方法，效率更高，因为其中的知识点都是有内在联系的，在知识点的学习过程中了解系统认知，在系统中巩固各个知识点，再将各个知识点串联，学习效率是翻倍的，这其实就是在用金钱换时间。

2. 付费可以减少筛选成本，提高单位时间的学习密度

假设，你能在网上凑齐一整套写作干货，但花费了非常多的时间。

假设我们每天用 1 小时学习写作干货，如果买了课，这 1 小时就可以全部用来学习和思考；如果没有买课，在这 1 小时中，可能就得花 20 分钟来寻找优质学习资料，只剩 40 分钟用来学习了。

比如，做新媒体的人都希望每天都能了解各行各业的最新动态，

获得这些信息并不要花钱，只需浏览微博，翻看公众号，查看一些 App，浏览一些博主的状态就可以，但这会花不少的时间和精力。而花钱订阅行业早报服务，只用 10 分钟的时间就可以了解各种最新资讯。长此以往，无形中就能节省很多时间。

互联网上确实有非常多的干货和优质信息，但它们与低质量信息，甚至垃圾信息并存，其中优质的大约占 10%，低质的却占到了 90%。

付费购买的知识产品，当然也有质量差的，但其中优质的可能占 90%，低质的仅占 10%，因为一个成熟的知识产品，就是从海量信息中提炼出来的精华。只要购买时谨慎选择，一般不会出错。

24 小时中，用来学习的时间可能就三四个小时，付费就是为了减少筛选成本，提高单位时间学习干货的密度。

3. 付费可以购买学习动机和环境

付费这件事本身就足以提供一个很好的学习动机和环境。

不付费的东西，大家的学习动机不强，也没有学习的积极性，但如果付费买了课程，就可能因为你觉得交了钱不能浪费而从头到尾认真地学习，购买了更强的学习动机。

另外，花钱买课的同时也购买了一个学习环境、一个学习氛围。比如一个微信群，群里的同学每天一起听课、做作业。在这样的环境下，我们的学习积极性也会更高。

环境和氛围非常重要，在家看书和去咖啡馆看书的感受大不相同，在家健身和去健身房健身的效果也大相径庭，学习也是一样，人是环境的产物，身处什么样的环境，就会有什么样的表现。不得不承认，人的自制力，远不如环境带来的外部影响力。

4. 付费可以进圈子

购买训练营、社群、一对一咨询等知识产品，其实也是购买其中的圈子价值、链接价值。

圈子为何重要？很多时候，一个人学习不如跟一群人一起学习效率高。学习过程中，我们可以与同学互相交流，互相督促，感受来自同学的压力，促使自己更加努力；也可以向老师请教，更快地解决学习中遇到的问题，这也是用金钱换时间。

二、付费学习可以购买的知识产品

1. 图书

图书是性价比最高的知识产品，买书永远不要怕浪费，也不要怕买了不读，哪怕只读一本或只读了其中一个章节，学到一个有用的知识，改变自己一个行为，就已经物超所值。

2. 课程

网上的付费课程一般都不贵，不但质量较高，学习方便，可以反复听、反复看，而且课程内容一般都紧贴现实，更容易应用于实践，这一点与图书有一定的区别。

3. 训练营

虽然训练营一般价格高一些，但可以解决很多人自己不想学、自己懒得学、希望有人陪着学、希望有人指导的问题。

4. 社群

一般来说，社群价格越高，提供的服务就越多，如可以解决进圈子、链接人、一起交流，甚至一起实战等问题。现在很多高价社群里，也包含训练营服务。

5. 一对一咨询

购买一对一咨询，一般是为了更快地解决自己个性化的问题，从而更快地完成从新手到高手的进阶。

6. 线下课

线下课的价值在于单位时间的学习密度大，短时间内便可学完一整套认知方法，另外，线下面对面地链接同学、老师，可以扩充人际资源。

三、要花多少钱学习

用来学习的费用是没有限制的，但要量力而为。一是不要让学费成为负担。如果有人要分期付款进我的训练营或社群，我都会拒绝，因为学习虽然非常有必要，但没必要成为自己的负担。

二是不要信奉越贵越好。现在，很多不带服务的录播课，竟然可以卖上千元甚至几千元，我实在不能理解，因为学习任何一个东西，都要遵循从认知到实践的基本规律，并不会因为交了更多的钱，而跨越从新手到高手的必经阶段。

到底可以花多少钱用于学习比较合适呢？我有一个标准，供大家参考：一年收入的 8%，差不多就是一个月的工资。[①]

对大多数人来说，一年拿出一个月的工资用来学习就可以，不用过多，但也不用舍不得。其实，与我们每年在衣食住行上的开销相比，8% 真的不算多。[②]

另外，每个人，应该算一算自己的时薪、日薪：

- 如果月薪 5000 元，时薪大概 28 元，日薪 230 元；
- 如果月薪 8000 元，时薪大概 45 元，日薪 360 元；
- 如果月薪 15000 元，时薪大概 85 元，日薪 680 元；
- 如果月薪 30000 元，时薪大概 170 元，日薪 1360 元；
- 如果年薪百万，时薪大概 470 元，日薪 3800 元；

⋯⋯⋯⋯⋯

如果月薪 8000 元，那么你的日薪可以买两门音频课，2 ~ 3 天的薪水可以进一个训练营；如果你的月薪是 15000 元，除了线

---

① 这是个大概。如果你的月收入很高，比如 10 万元、20 万元，你可以相对调低比例，因为知识付费有必要，但没必要花这么多；如果你月收入很低，如 3000 元，你可以相对调高比例，比如拿出五六千元来学习，因为越是自己不够强大的时候，越应该加大对自己的投资。

② 如果你正在读书，或者刚毕业没几年，也可以适当提高比例，因为这个阶段，你还未成家，还不需要赡养老人，也暂时不用考虑买房、买车等问题，因此可以多花点儿钱来培养自己进步的能力。

下课，那么基本实现线上学习自由，每个月拿出两天的薪水，进入大部分社群、训练营，或购买音频课都毫无压力；如果你的月薪是30000元，那么可以一年去很多地方参加线下课程。

四、为什么要用金钱换时间

钱是可再生资源，时间是不可再生资源，钱花了可以再赚，时间流逝不可逆转。

所以用金钱换时间，就是以无限买有限。要想加速学习进程，学会付费是最好的方式。一个人若在学习和成长上省钱，则难逃又穷又忙的困境。

第三节

以快为快：快慢结合，如何以快为快地学习

在通往高手的路上，我们要持续不断地学习，完成从低阶认知到高阶认知的蜕变，那么，如何提高学习效率，加速完成这个过程呢？

是应该慢慢地学习，深度地学习，"以慢为快"，还是快速地学习，迅速建立认知，"以快为快"呢？

比如读书，像《穷查理宝典》《原则》这样的经典好书，我们该慢慢读，还是快速读呢？这样的书绝对值得我们慢慢细品。《穷查理宝典》里有一部分讲人类误判心理学，包括奖励和惩罚、喜欢热爱倾向、讨厌憎恨倾向、避免怀疑、避免不一致等，一共有 25 个点。要想透彻理解这 25 个点，每一个点都得花几小时甚至一天的时间认真琢磨，后期还得反复琢磨几次。

这就产生了一个问题：如果连其中一个点都要消化一天，甚至琢磨好几天，那么读完整本书就得花上一两个月。

《原则》这本书，除了前面达利欧的个人经历，后面 2/3 的内容都是纯"干货"，每一页都值得反复看、反复琢磨，需要不停地代入生活、工作的案例场景去理解和消化。这样一来，读完这本书，可能也得花几个月才行。

这样看来，慢读法好像不现实，会严重耽误我们的学习进度。

很多人读书会定数量目标，比如，一年要读完多少本，平均下来一个月要读完几本。按照这样的计划，像《穷查理宝典》《原则》这样的书，两天就可以读一本。但这样的书，仅用两天的时间快速看完是没有意义的，因为虽然看完了书，但吸收到的东西非常少，而且对于所吸收的东西理解也难以到位，更难以用于指导实践。

所以，这类书的读者大概可以分为两种：一种人是慢慢地品读，一个小时也就读五六页，虽然吸收得比较多，但是没多久就放弃了，连 1/4 都没读完；一种人是快速地翻了一遍，但基本上没吸收到什么。

为了解决这种矛盾，我们在阅读或学习时，要学会"快慢结合"。任何领域都既有适合快学习的内容，也有适合慢学习的内容，因此学的时候要快慢结合；另外，所有整体上适合慢学习的内容，都可以先快速地学一遍，再按照需要慢慢学习、吸收，这也是快慢结合。

要做到快慢结合，有两个方式："以快为快"和"以慢为快"。下面，我们先讲如何"以快为快"地学习。

一、以数量为突破口，快速而大量地阅读浏览

要想学习一项技能、掌握一项能力，必须先海量浏览这个领域的相关内容，以数量为突破口，快速建立认知。

比如，想学会写热点文章，第一阶段应该快速而大量地阅读、浏览、学习很多篇浏览量超 10 万的热点文章，而且最好选择不同领域、不同人写的，针对不同热点事件的文章，同时快速而大量地阅读、学习一些讲怎么追热点的干货。这个阶段，重要的不是学习的深度，而是学习的速度和广度，不是学习的质量，而是学习的数量。

又如，学习做视频号直播。学习的第一个阶段，要关注很多值得学习借鉴的视频号博主，然后快速而大量地"刷"他们的直播。早上起来先看看有谁在直播，"刷"上 30 分钟到 1 小时；中午吃完饭也打开视频号再看 30 分钟；晚上时间充足，就找到特别想学习借鉴的主播的直播间，挨个点进去看，一边看一边观察他们所用的方法和技巧，看他们的背景板、镜头表现力、个人状态和用的话术等。该阶段不需要深度思考，学习的核心是确保见过足够多的学习样本。

又比如，想学习滑板，第一个阶段，先去各平台关注一些滑板博主，然后不停地"刷"他们的短视频。这些博主中有的人是秀动作，有的人是拆解技术，有的人是讲解规则；有的人是玩自由式滑板，有的人是玩速降滑板，也有的人是玩 U 形池场地滑板……

大量"刷"视频，能在最短的时间内见识到足够多的样本，快速建立对滑滑板这一技能的认知。

我们学习任何领域中的任何技能，都应该先像这样以快为快地学习，以数量为突破口，快速而大量地阅读、浏览。

那么，我们应该快速而大量地阅读、浏览什么？

1. 内容形式

以快为快的学习对象，一般不是书而是各种文章和短视频等，主要原因如下。

以文章为例。首先，一篇文章会集中讲好一个知识点或话题，只需 3 ~ 5 分钟就可以快速看完，一下午可以读 10 ~ 20 篇文章，获得多个知识点。但是看书就不一样了，因为一本书就相当于一个完整的知识体系，因此阅读起来会比文章慢很多。

其次，因为文章看起来比较快，所以能更快地获得反馈，有了反馈就会更有积极性；但是读书往往需要两三天，甚至一周才完成一个闭环，看着看着，可能就不想看了。

此外，视频也是非常好的学习对象。

这个阶段尽量不要"刷"那种 30 分钟以上的视频，比较合适的是 10 分钟以内的，最好是时长 5 分钟以内的视频，其中的逻辑与阅读文章是一样的，核心也是以数量为突破口，快速建立认知。

综上所述，从内容形式上看，最适合用以快为快的方式来学习的是文章和视频。

2. 具体内容

用以快为快的方式学习，应该快速而大量地阅读、浏览什么内容?

第一种，方法经验。 要学习怎么写阅读量超 10 万的文章，可以先快速读 10 篇讲爆款写作的文章；要学习玩滑板，可以先快速"刷"几十个解读技术、讲解动作的视频。

第二种，认知观点。 想学做产品，就要广泛了解关于怎么做产品的认知观点，比如有人认为做产品首先得理解人性，理解人性中或多或少都有懒惰、贪婪的一面。类似这样的认知观点在每个领域都有很多，学习的第一个阶段，可以快速了解一下。

第三种，经历故事。 想快速学会写作，一开始最好也去多看一些靠写作改变命运，或者靠写作赚到很多钱的人的经历。不同的人有不同的成功路径、成功方法、成功条件，多看一些别人的经历和故事，对写作这件事就会更快地建立一个基本理解。

第四种，案例复盘。 要想学习写爆款文章、做爆款直播或爆款短视频，就要去"刷"一些案例复盘。比如，找粥左罗在这几件事上对应的案例，对其进行解读并学习。

以上是以快为快的第一点，以数量为突破口，快速而大量地阅读、浏览。具体阅读和浏览的内容从形式上看，以文章和视频为主；从具体内容上看，以方法经验、观点认知、经历故事和案例复盘为主。

二、学习精品内容，快速建立整体认知

想学习一项技能、掌握一项能力，第一个阶段，先要海量浏览这个领域的相关内容。但仅仅这样做是不够的，还要学习一些精品内容，比如读好书，听好课。

对于这样的精品内容，要不要慢慢学呢？要。但是在以快为快的学习阶段，即便是学习精品内容，也不要学得太慢，以免自己半途而废。

具体怎么做？

针对精品内容，我们一般要分成两遍去学习：第一遍，以快为快，快速建立认知；第二遍，以慢为快，慢慢品味。当然，这里的"两遍"不是绝对的，有的人可能要学3遍、4遍甚至更多遍。我们在此只讲大概的方法，每个人都可以根据自己的实际情况去执行。

总体来说，以快为快的学习，有4个核心。

1. 接受单点单项、孤立理解

假设你买了写作课，如果你完全按照以慢为快的方式学，那么学完这门课得花费很长时间，正反馈也来得很迟，你会很没有成就感，最终难以坚持。而且，在缺乏认知的情况下，学得太慢，在技术层面上也可能出现问题。

比如，写作中的选题能力确实很重要，但如果你在选题上学了太久，那么你也很难写出好文章来。为什么？因为你还没有学怎么起标题，怎么找素材，怎么搭建文章结构，怎么写开头……如果一

直停在某个学习阶段，那么在其他阶段就会缺少相应的知识，从而影响实践的结果，打击学习的积极性。

因此，即使处于学习的初级阶段，我们也需要快速地完成整个学习阶段，虽然没学透，但至少在各个环节上都先学到一些，每一个环节都能做得比以前更好一点儿，这样一来，整体得到的成果一定比之前更好。这个阶段，我们可以接受单点单项、孤立理解。

当然，好的学习肯定不是单点单项、孤立理解的，而是发掘各种素材和知识点之间的联系，然后将它们结合起来一起学习。这种结合式、联系式的学习，从整体上说是更好的方式。

但第一遍学习的目的是快速建立认知，目的不同，采用的方式也不同，不妨先单点单项地学习、理解其中一节，学这一节就理解这一节，而不是学这一节时还要结合其他内容进行学习。

2. 理解为主，不做拓展

在学习精品内容时，第一遍只要保证理解就行了，不用刻意去延伸拓展。

举个例子，我给你讲了一个写作方面的认知观点："每天的热点特别多，追热点时，小热点、中热点都不值得追，你一定要追大热点。因为热点是人们的时间和注意力最集中的地方，而我们写作就是为了尽量获取用户的时间和注意力，当然要追大热点了。"

这个认知，其实可以拓展一下，用于理解其他事情，但是我们在第一遍快速学习时，尽量不做这样的拓展，因为一做这样的拓展，学习速度必然会慢下来。

3. 整体认知重点和要点

在以快为快的学习阶段，我们的目的不是掌握每一个知识点，而是为了整体感知这门课的重点和要点，感知自己在这个领域上的弱点和不足，同时做一个内容筛选，为后面以慢为快阶段的学习打基础。

还是以学习写作为例，你以前对写作没有正确的认知，买了我的写作课后，只要快速听完一遍，你就能从整体上知道写作这件事有哪些重点。

比如，你以前认为文笔最重要，现在发现原来新媒体写作选题是最重要的；你以前觉得找素材的能力不重要，现在发现原来在新媒体写作中，找素材是性价比最高的能力；等等。同时，你也会知道自己的弱点在哪里，接下来你知道要怎么去重点强化，对你来说，这就是学习的要点。你能快速感知到这些东西，第一遍的学习目的就达到了。

4. 接受模糊理解

一般来说，高质量的精品内容都是有一定深度的，不是那种快速浏览就可以全部吸收的"水货"，想要完全理解，就需要花时间慢慢品味。但我们在最初学习阶段想要通过快速学习建立认知，就要接受对于一些地方的理解暂时是模糊的，而不是充分且清晰的。在这一阶段，我们甚至会在很多地方遇到理解上的卡点，这时，我们也不用必须攻克它，否则依然会花费很多时间，把整体的进度拖慢。

以上 4 点，就是以快为快，学习精品内容、先快速建立整体认知的核心。

具体如何执行呢？

如果你学习的材料是一本书，那么你不用把这本书从头到尾读一遍，可以先看这本书的思维导图、知识地图或讲书稿等。比如我的作品《成事的时间管理》中就有一张很好的知识地图，读者可以花几小时到几天的时间，通过这个知识地图把书中所有的知识点过一遍。当然，你也可以通过快速浏览、通读的方式，用一天或几天时间把书快速地阅读一遍。

如果你学的是一门课程，你可以分几次来听，每次一口气听 5 到 10 节，或者去看课程的文字稿，通过浏览、通读、抓重点的方式，用一天或几天的时间，把课程快速地学习一遍。

第四节

以慢为快：快慢结合，如何再以慢为快地学习

在从新手通往高手的路上，我们要通过持续不断的学习，完成从低阶认知到高阶认知的蜕变，在学习各种领域的认知方法时，如何提高学习效率，加速这个过程呢？

我们说，要学会快慢结合，先以快为快，再以慢为快。我们讲完了以快为快，本节我们讲以慢为快。这两点在学习的过程中，一定要对应着学，因为它们本身就是对立统一的。在具体的方法论要点上，二者都有内在一一对应的关系。

如何以慢为快？答案是要做到以下两点。

一、以极致质量为突破，反复思考仔细研究

在以快为快的学习阶段，要以海量数量为突破口，快速而大量地阅读、浏览，这个阶段要故意快起来，故意不学那么深入，从而以最短的时间获得更多的信息。与之对应的以慢为快的学习阶段则

恰恰相反，要以高质量为突破口，反复思考、仔细研究。

这里同样涉及一个问题：在以慢为快的学习阶段，我们应该反复思考、仔细研究什么？或者说，我们的学习对象是什么？要回答这两个问题，我们还是从内容形式和具体内容方面展开。

1. 内容形式

以慢为快的学习对象，首先就是课程和图书，其次是一些付费的训练营和社群中的学习内容，而不是文章、短视频，或者一些小分享。一本书或一套课程，展现的往往是一个系统、全面的知识或技能框架，其中各知识点、技能点是相互联系的。

值得我们反复思考研究的内容，通常是复杂而丰富，更适合以课程、图书、训练营、社群等系统而全面的形式呈现的内容，而且往往需要付费获得。

除了这种体系化的学习内容，还有一些在以快为快的学习过程中筛选得到的，值得反复看的精品文章或视频，也可以用来深入学习。

2. 具体内容

在以慢为快这个阶段，他人的经历、故事方面的内容，不是我们学习的重点，甚至认知观点类的内容也不是我们学习的重点，方法经验和案例复盘才是我们学习的重点。因为以慢为快是为了深度理解、深度思考、深度学习，这时再用一天的时间来看一个经历或故事就有点浪费了。值得我们用一天时间来思考研究的，一定是一些核心方法论或者有价值的案例复盘。

举个例子，我在自己的社群里，用两节大课复盘我是怎么做出播放量超 1700 万的爆款视频——"一个普通男孩的十年"。从案例拆解到操作流程，再到执行重点，我非常详细地复盘了这个案例，光是两次分享的文字稿，加起来就有 2 万多字。

像这样的内容，如果以快为快地学，只是简单地过了一遍，就太亏了。因为你收获的只是佩服、启发、震撼，并没有掌握任何实质内容。这种"干货"内容就需要以慢为快地学，认真学习一遍，复习两遍，再结合方法实操，才能掌握，才有可能自己也做出一条这样的爆款短视频。

3. 内容质量

本阶段一定要只学高质量的内容。每一个领域，可以学的内容都非常多，如果是以快为快的学习阶段，可以尽量多看，快速浏览。但是在以慢为快的学习阶段，我们时间有限，不可能研究太多，所以必须有筛选思维，不管是图书、课程还是文章、视频，都要找高质量的内容来学习。

二、学习精品内容，慢慢品味、按需强化

前文我们说过，对于精品内容，我们要学两遍：第一遍，以快为快，快速认知；第二遍，以慢为快，慢慢品味。现在，我们就讲讲以慢为快的学习具体应该怎么做。它与第一遍以快为快的学习是

对立统一的，也有 4 个核心。

1. 系统综合、前后联系

在以快为快的学习阶段，我们可以接受单点单项、孤立理解，但是在以慢为快的学习阶段，我们要认真品味、细细琢磨知识或技能，就不能单点单项地学习，而应该系统综合地学习，不能孤立理解，应该前后联系、整体理解。

以写作为例，学拟定文章的标题时，只理解拟定标题的技巧，这叫单点单向、孤立理解。但在以慢为快的学习阶段，我们就应该系统综合、前后联系地学习了。

首先，要想到，标题能不能写好在很大程度取决于选题质量的高低，因为选题决定了标题的核心。如果只学会了拟定标题的技巧，但是做不出好的选题，那么必然也写不出好的标题。

我在写新媒体文章时，一般都会先取好标题再开始写内容。这是因为如果没提前取好标题，文章写完了，才发现取不出好标题，再由此倒推出选题不好，就已经晚了。所以我会先确定选题，写出一个吸引人、传播力强的标题，再开始写文章，这样做，成功率显然会更高。

另外，还要思考一个问题：什么才是好标题？可能很多人会说：能促使读者点开的就是好标题，因为我们写一篇文章就是为了将信息或观点传播出去，没有传播就没有价值。写一篇 7 分的文章，能传播给 10 万人看，比写一篇 8 分的文章，只有 10 个人看到更有价值。一篇文章的价值取决它的传播范围，而传播范围又与文章的标题有很大关系，因为只有标题刺激大家点开看，文章才能广泛传播。所以，好标题就是能促使读者打开文章阅读的标题，这是没错的，但得出这样的结论，还不算是系统综合地思考。

假设你取了一个比较"刺激"的标题，可能打开的人会很多，但其中也有很多人因为标题过于露骨或极端而不愿意转发分享，因为他会觉得将这样的文章转发给别人会拉低自己的品位。通过这样的思考，我们就会发现，原来好标题不只要吸引读者打开，还要能促进转发。这样一来，我们就不是单点单向、孤立理解，而是系统地学习、思考了。简而言之，所谓系统学习，就是学习每一个点时，都要知道这个点在系统中的作用，以及这个点与系统中其他点的联系。

2. 代入应用、举一反三

在以快为快的学习阶段，我们要"理解为主、不做拓展"，与之对应的是，在以慢为快的学习阶段，应该代入应用、举一反三，慢慢品味、触类旁通。

什么叫代入应用？举个例子，我教给你一个拟定标题的技巧——"善用数字"，意思是要把数字，尤其是带有矛盾冲突的数字放在标题里。比如"00 后创业，拿到千万投资"或者"80 岁创业，拿到千万投资"，这就属于利用数字制造矛盾冲突的标题。

学了这样一个拟定标题的技巧后，在以慢为快的学习阶段，就要代入应用，举一反三了。具体做法如下。

找一些案例，把这个技巧代入案例。比如找出一些公众号，不看文章，只看标题，凡是标题中带有数字的，都用这个逻辑去理解，分析一下每个标题中的数字怎么是用的。这就叫"代入应用"。

比如，我在"个人 IP 底层实操大课"里讲了打造个人 IP 的很多方法，如果听完了只是有启发，而没有真正掌握，是没有意义的。具体的代入应用方法如下。首先，对照着学到的知识，找到喜欢的个人 IP，其次，结合所学知识一一拆解这些个人 IP 在打造过程中用了我所说的哪些方法。虽然这么做一开始速度很慢，但坚持下来，就能快速掌握相关知识点。

又如，很多人不懂得如何提升努力程度和拉长努力周期，所以我在"普通人的系统逆袭课"里分享了 10 个方法解决这个问题。首先，把这个 10 个方法一一代入自己过往的实践，分析当时的实践成功和失败的具体原因，然后体会这 10 个方法中的哪几个最适合自己，如何将其用于实践。

3. 按需强化，攻克重点要点

在以快为快的学习阶段，我们要整体把握重点和要点，那在以慢为快的学习阶段，我们应该做的就是按需强化，攻克重点和要点。

比如学习写作，先快速地把我的"实战写作课"听完，整体感知写作的重点，找到自己在写作方面的弱点。接下来进行第二遍以慢为快的学习时，就可以根据自己的弱点按需强化了。具体做法如下：找到提高写作能力的核心要点，并有针对性地去强化；找到自己在写作方面的弱项，并有针对性地去改进。

如果你快速过完一遍写作课，发现自己找素材的能力较弱，那么在第二遍以慢为快的学习过程中，就要在学素材收集的那几节内容时，多代入应用，多做专项练习。

要注意，在以慢为快这个阶段，我们的慢，我们的代入和研究，不能平均用力，而应在关键点上，在自己的弱点上多用力，这叫按需强化，完全从需求出发，目的在于攻克重点和弱点。

以慢为快的意思是，慢慢来其实也是一种快。因为真正需要深度思考、钻研掌握、重点解决的内容，如果没有耐心，甚至求快，那么反而会原地打转，进步甚微；如果能慢慢钻研，踏踏实实地学习，一开始虽然慢，但一段时间后，就发现自己已经走了很远了。

4. 尽量突破模糊理解和卡点

在以快为快的学习阶段，为了快速建立整体认知，我们可以接受学习过程中有很多模糊理解，甚至遗留卡点，但到了以慢为快这个阶段，我们就要尽量厘清模糊理解，并突破理解卡点了。

因为这一遍学习的核心，就是将所有知识点都理解透彻。要想达到通透理解的目的，在遇到卡点时，就一定要想办法攻克它，只有这样，才能快速进步。如果每次遇到卡点就绕过它，放过自己，就失去了这个阶段学习的最大意义了。人最大的进步，不在于把已经掌握的知识、技能练至熟练，而在于突破难关，掌握以前所无法掌握的知识、技能。

以上 4 点，就是学习精品内容、慢慢品味、按需强化的核心。

具体执行时，可以结合以下两个方面：一方面，按照一定的节奏，慢慢地从头到尾地深度学习一遍；另一方面，找到当下最想学、最想尽快攻克的部分，每天突破其中部分卡点。

不管学什么，以慢为快地学习，都一定要给自己多留出一些时间，再加上足够的耐心，扎扎实实地攻克难点、卡点，从而更快地从低水平实践进阶到高水平实践。

第五节

结合实践：如何在整个学习过程中始终用实践检验学习效果

首先要强调一点，这一节还是围绕学习展开的，实践只是用来检验学习的工具。

一、为什么要在整个学习过程中结合实践

学过我的写作课的人都知道，讲好一个故事的框架是冲突—行动—结局。

根据这个，我们可以讲一个故事。粥左罗出生在山东省泰安市一个升学率特别低的农村，高考考了学校文科第一名，考上一所二本大学，学校里其他学生有的考上了专科，有的连专科都没考上。

这本来是一件好事，他应该开开心心地去上大学，但这时出现了一个冲突，粥左罗认为自己应该复读一年，这样他就可能考上一本大学、"211""985" 高校，所以他决定复读。但是他的父母、亲戚、朋友都不认同这个决定，就连家里最有见识的舅舅也认为他不应该

复读；同班同学更是非常不理解，认为他都考上大学了，就应该直接去上大学。

冲突产生了，于是有了下一步行动。粥左罗扛下了所有人的不理解、对父母意愿的违背及别人背后的议论，一个人去省会济南找了一个复读机构，在那里复读了一年。

有行动，读者就会期待结局。最后，故事的结局是，粥左罗复读了一年后，高考成绩比上一年高出 40 分，考上了北京的一所"211"大学。

这样一个案例展示了写故事的框架。很多人学完后，觉得这个框架太好了，简单又实用，认为自己学会了、理解了。但是自己按照模型试写的故事总是不够出彩。这就说明并没有真正学会，低阶认知导致了低水平实践。

这时，我们就要分析问题出在哪里。写好故事的 3 个要素是冲突、行动、结局，故事写得不够好，可能是 3 个要素中的某一个或多个没把握好。这样逐一分解、排查，就可以找到没有掌握到位的知识点。

假设写出来的结局普普通通，就说明没有透彻地理解写好结局的方法，可能忽视了一个好的结局应该是"意料之外"的，如果大家都很容易猜到，那么这个结局就不吸引人、不精彩。

找出问题后，我们对这个认知或技巧的理解就加深了一点儿，以后每次写结局时，就会思考怎么能写得更加出人意料。要注意的是，一个好的结局，不仅要在"意料之外"，还得在"情理之中"，要给人一种"挺意外的，但是仔细想想又很合理"的感觉。到这里，对于写出好结局的认知又加深了。

怎么才能做到既在意料之外，又在情理之中呢？答案是要在行动的部分提前埋下线索，这样结局就会在情理之中了。

综上所述，只有一次次地通过实践检验，才会发现自己的认知还不到位，才能不断加深认知，直到掌握了一个"经过实践检验"的，有效的认知方法。

二、用实践检验认知的 3 个层次

第一部分，我们讲了为什么要在学习过程中结合实践，下面讲如何在学习过程中结合实践。结合实践主要有 3 个层次，分别是分析推理、练习、实战。

1. 分析推理

分析推理是实践的第一个层次，即将学的内容在大脑中分析、推理，"实践"一遍。

这一层次很重要，因为我们学到的方法、认知、概念等，都是别人经过一次又一次地分析推理，最后总结出来的，如果想深层次地掌握，就要自己从头到尾做几次分析推理，在这个过程中不断自我质疑，再自我解释。

比如，我在第三节讲的高手进阶路线图是我经过分析推理思考总结出来的。别人要想深层次掌握，就必须对照那个路线图，一步步地分析推理，代入案例，推敲细节，自我反驳，自我解释……几遍练习下来，才能充分理解其内核。

2. 练习

这是实践认知的第二个层次。在头脑中"实践"完了，就要实操了。比如，学了"冲突—行动—结局"这个故事写作框架，就要试着自己写一个小故事，哪怕只有几百字。

比如：今天我去上班，刚到公司放下东西，发现自己忘记带笔记本电脑了，于是马上回家去拿，结果在回家的路上又发现自己忘了带钥匙。这里冲突就出现了——我是再回公司拿钥匙，还是到家之后从邻居家阳台翻进去？

接下来，要么是我回办公室取钥匙后回家取电脑，最后上班迟到了；要么是回家翻窗户，然后没迟到；最后我权衡利弊，选择了翻窗户进门。这叫行动。行动后要有一个意料之外的结局。因为前面推理的是选择翻窗户进门就不会上班迟到，如果最终的结果是你成功翻窗户进去、拿到了电脑回去上班没迟到，这就不叫意料之外了。

那么什么是意料之外？如果最后的结局是，你被当成小偷抓到派出所里审了半天；或者你翻窗户进屋后，发现家里有一个陌生人等，这才是意料之外，才能让这个故事读起来比较精彩。我刚刚模拟的这个过程，就是用学到的模型练习了一次。

经过分析推理，对认知本身有了一定的掌握后，就应该在它的指导下进行练习了，因为我们的最终目的不仅要掌握认知，还要掌握能"指导实践成功"的认知，所以要尽早进入练习环节，每一次练习，都能让我们对认知的掌握更扎实。

3. 实战

实战和练习是不一样的。上学时，做题叫练习，参加考试，才是实战；学写作，学了拟定标题的技巧，找了一些标题去优化，这叫练习，正式地写一篇文章发布在公众号上，才是实战；平时自己打篮球，或者和同事打着玩，都是练习，正式参加比赛，哪怕是公司内部的，或者小伙伴组织的，才是实战。

二者的本质区别在于：实战是相对正式、公开的，参与者可以得到更真实、更"残酷"的反馈和评判；练习是非正式的，很多时候是私下进行的，更多的是自己进行反思和优化。

实战是实践的第 3 个层次，是我们学习的真正目的。

以上是 3 种实践方法。在真实的学习场景中，这 3 种实践方法，分析推理可能用得最多，练习次之，实战最少。

原因在于，实战的要求比较高，且需要一定的条件，如特定的环境、场合和机会，不可能随时进行。练习可以随时进行，所受的限制不多，但没有必要随时进行大量练习。因为不断地停下来进行练习，学习过程就会被拖长。所以，其实大部分时间，我们都是在分析推理。

一门课程的所有知识点，并不都需要反复练习和实战，其中总有一些是已经理解和熟悉的，即便又有一些新内容，也没有必要再反复进行练习和实战，只需要分析推理一遍就行了。

三、在结合实践方面，人和人是怎么拉开学习差距的

1. 不断主动学习新的认知方法的人，会越来越好

有的人永远在主动学习新的认知方法，也有的人总觉得自己可以了、还不错，于是就留在舒适区，逃避学习新的认知方法，一直沿用旧的认知方法。

前者会越来越好，后者则早晚会被淘汰。

2. 不断结合实践检验认知的人，会越来越好

同样都是喜欢主动学习新的认知方法的人，结果也会有所不同。有的人每次学了新的认知方法，都要结合 3 个层次的实践去进行检验。有的人虽然也一直在主动学习新的认知方法，但是每次学了后不会结合实践去检验，在具体实践时依然在用旧的认知方法，也就是只学不用，学用分离。

第二种人肯定没有第一种人进步快。

3. 在实践过程中不断优化认知方法的人，会越来越好

同样主动学习并结合实践检验的人，结果依然会有所区别。有的人会在结合实践的过程中，不断反复优化改进学到的认知方法；有的人只是结合实践，但是在实践过程中遇到问题或实践没有达到预期结果，他都熟视无睹，逃避反思、复盘、优化。

这两种人的差距也会越来越大。在结合实践方面，人和人的学习效果就是在以上 3 个阶段中拉开差距的。

第三章

如何高效实践，加速从实践到掌握的进程

第一节

结合学习：如何在整个实践过程中始终用学习改进实践

从新手到高手，要从低阶认知进阶到高阶认知，从低水平实践进阶到高水平实践，前面我们讲了如何有效学习得到高阶认知，本章开始进入第三个模块——如何高效实践，并不断提升实践水平。

一、"结合实践学习"与"结合学习实践"的区别

猛一看，二者好像没有区别，都是学习与实践的结合，实际上，二者的区别很大。

一是阶段不同：结合实践学习属于大量学习认知阶段，以学习为主，实践为辅；结合学习实践属于大量实践阶段，以实践为主，学习为辅。

二是目的不同：结合实践学习的目的是学习认知，实践是为了更好地学到认知；结合学习实践的目的是提升实践，学习是为了更好地实践。

三是开始和结束不同：结合实践学习，以学习某一认知为始，以更好地掌握这一认知为终；结合学习实践，以某项具体实践为始，以深化认知，解决这一具体问题为终。

1. 结合实践学习

我们看书、看电视、听课，都可能学到让我们为之一振的认知。

要想掌握这个新认知，我们要先分析推理，再进行练习，用这个认知去对应具体事物，看能不能更全面地理解。通过分析推理和练习这两种实践方式，我们对这个新认知的理解就比刚看到的时候深化了。如此反复几次，便可以更好地掌握该认知。

这是结合实践学习，就是以学习某一认知为始，以更好地掌握这一认知为终，实践是中间的手段。

2. 结合学习实践

我在直播的实践中遇到的一个问题——点赞量太少。为了解决这个问题，我就去搜索"直播间如何提升点赞量"，然后看到有人说，可以做一块引导点赞的牌子，直播时经常举着，不断引导大家点赞。我实践了这个方法，并不断使用，最终，我的每场直播点赞都能达到三四万，我通过实践解决了这个具体问题。

这是结合学习实践，以某一个具体实践问题为始，以解决这一问题为终。

二、如何在实践过程中结合学习

在实践过程中结合学习，大致可以分成以下 3 步进行。

1. 在实践中遇到真问题

不管想做好什么，不管我们的认知和学习水平如何，我们在最初的实践中都会遇到各种各样的问题。

比如，想做好直播，作为主播的我们至少要有 4 个身份，分别是主持人、表演者、销售员和陪伴者；还要进行 6 项修炼，修炼气场状态能力、修炼语言表达能力、修炼情绪带动能力、修炼产品讲解能力、修炼激发需求能力和修炼销售说服能力。

即使以上每一个点我都讲得很详细，你的理解也很充分，但在实际直播中，依然还会出现很多问题。这是因为理论与实践总是有一定距离的，从来不会完全匹配。

学习认知时，我们用预设问题来学习，但实践时会遇到真问题，而且真实的问题是千变万化、难以把握的。

2. 针对遇到的真问题，学习改进对应的方法认知

我们在前面的课程里讲过，要想成为高手，必须有一套自己的认知方法。到了这一步，遇到实际场景中的真问题了，便可根据问题及其解决方式，来优化自己的认知方法，实践，改进，再实践，再改进，慢慢地，我们就会有一套属于自己的、适合自己的认知方法。

比如直播时，发现自己存在不能很好地应对质疑，或一到卖东西时，就不太自信等问题。

这时，我们就可以针对这些问题搜索各种认知方法，然后解读案例，或者找一些相关的课程、图书，有针对性地学习。最终，我们或学到了新的认知方法，或改进、深化了之前的认知方法。

3. 带着改进、深化了的认知方法，再次实践，多次实践，直到问题解决

第二步和第三步，可能要多次重复，比如用改进了的认知指导再实践，发现无法完全解决问题，于是继续有针对性地学习，优化认知；继续实践，刻意用实践检验优化后的认知。多次重复这个过程，直到最终解决问题。

这三步，在从新手到高手的过程中，也是在不断重复的。因为我们遇到的问题不可能只有一个。我们不断遇到问题，解决问题，在这个过程中，我们不仅完成了从低水平实践到高水平实践的进阶，还收获了一套经过自己不断改进而形成的，属于自己的认知方法。

三、在结合学习方面，人和人的实践水平是怎么拉开差距的

我们在前文中讲了，在结合实践方面，人和人是怎么拉开学习差距的。下面我们讲在结合学习方面，人和人的实践水平是怎么拉开差距的，也是 3 点。

1. 敢于直面问题的人，会越来越好

有的人遇到问题时，习惯于直面问题。

比如每次直播场观挺高，但是商品销量不高，这就说明销售能

力差；或者每次直播场观挺高，但是点赞数不高，这说明引导点赞的能力比较差。我遇到了这样的问题，并且承认这个问题的存在，就是直面问题。

有的人遇到问题时，习惯于回避问题。

比如他天天直播，每次直播场观都比较低，但他总是安慰自己，现在只是刚开始做直播，低一点儿没关系，或者觉得自己不是专业主播，场观少一点儿也正常。这样的人不承认自己有问题，总是给自己找理由，其实就是在回避问题。

随着时间的推移，直面问题的人一定比回避问题的人厉害很多。

2. 针对问题学习改进认知方法的人，会越来越好

直面问题很重要，但是只直面问题还不够。同样选择直面问题的两种人，也会有所不同。

有一种人在直面问题后，会先改进认知方法，再去实践。这样的人明白，改进了认知才能改进实践，因为认知指导实践。这是方法论爱好者的思维模式，他认为只要是问题就一定有方法解决，所以他会先改进认知再去指导实践。

还有一种人虽然也是直面问题的勇士，也想解决问题，但不去学习，总是自己琢磨，埋头实践，或者只寄希望于多次实践。比如他发现直播场观不好，就总结一下这次哪里做得不好，下次如果还是不好，他就再总结一次。在整个解决问题的过程中，他不去学习认知方法，只是自己埋头尝试，这种人的进步就会很慢。

随着时间的推移，这两种人差距会越来越大。

3. 学了新的认知方法并付诸实践的人，会越来越好

同样是直面问题并找到对应方法学习的人，依然会有所不同。

有的人学了方法后会马上实践。比如直播间点赞量不高，他学到了使用引导点赞的手牌这个方法，就真的在直播间里用起来。

还有的人学了具体方法后不实践。比如针对直播场观不高这个问题，他学到了一个认知：要努力提高预约人数，预约人数多了，场观就会提高。虽然他学到了这个方法，但他在直播的过程中从来不提醒大家预约下一场。这就是我们常说的学用分离。比起学了就用的人，显然他的进步会慢得多。

在结合学习这个点上，人和人的实践水平就是这么一点儿一点儿拉开差距的。

最后我再强调两点。

一是在实践过程中，结合学习要贯穿始终。很多人只在新手阶段注重学习，一旦走出新手区变成熟手，就不再学习了，只顾埋头实践了。但是所有进步更快的人，都在不断学习。方法论的学习是没有止境的，即便到了高手、封神的传奇阶段也依然要继续学习，这样才能始终保持在这个领域的地位。

二是在实践过程中，要不断优化认知方法。实践的反哺可以改进、强化、深化相应的认知方法，但这个过程需要大量重复、持续进行，也是我们从新手到高手的必经之路。

第二节

改进练习：如何通过改进练习拉开差距

一、你的实践是自然重复，还是改进练习

为什么很多人一直在做一件事，但始终处于普通水平，看不出来有什么进步？

比如很多人平时也有写作的习惯，写了三年也没写出任何高质量的东西；有些人学习做直播，半年直播了几十场，但直播水平没有太大长进。

为什么一直实践，却没有进步？因为实践有两种：一种是自然重复；另一种是改进练习。大多数人的实践都是自然重复。比如我们的沟通方式，如果不注意刻意改变，它一定是自然重复的。又如，我们写公众号文章或在各个平台上发布短视频，发现文章阅读量和短视频数据都很差。如果不刻意改进，那么数据是很难变好的。

自然重复，即只单纯地增加做一件事的次数，这并不会让我们从新手变成高手。不妨尝试另外一种实践方式——改进练习，即每一次练习，都是为了改进。

　　我们只要练习，就应该提醒自己要想办法改进，努力做到每次练习都有进步。不管做什么事情，我们都应该有相应的改进目标，而不应抱着一种随便玩玩的态度。因为"玩"是一种非常松散的状态，在这种状态下，我们必然会陷入一种自然重复，这样的行为模式一旦形成，我们几乎不可能进步。

　　比如写作，要想提升写作技巧，而不仅仅通过写作梳理思考，就不能每天输出几百字，打个卡就结束了。对于提升写作技巧真正有效的练习应该是，今天写作半小时，练一练拟定标题的能力或搭建框架的能力；明天再写半小时，练一练比喻的修辞手法或三段论式的写作框架；等等。每一次练习都有目标，这样提升才会更快。

　　成长是一种"不自然"的运动，每一步都需要对抗惯性。如果想成长，就不能追求自然而然，应该对抗惯性，刻意去做改进练习。人在舒适的环境中一定很难进步，因为自然而然地做事才会觉得舒服。要想成长必须忍受痛苦，因为无论做什么，想进步就要做出改变，而改变本身就是痛苦的。

二、如何进行改进练习

1. 要有具体的改进对象

　　如果想练习游泳、打篮球或写作，没有具体的改进对象，就不能算改进练习。真正的改进练习，首先要有改进对象，或改进目标，而且是具体的、有细节的。

比如今天下午要读一本书，开始前必须想一下看书的目的是什么；今天下午想去打篮球，开始前也应该想一下打篮球的目的是什么，是练一练三步上篮，还是提高一下三分球的命中率？

这是第一点，要有具体的改进对象。

2. 使用有效的改进方法

比如我今天下午去游泳，想好了具体的改进对象是蛙泳姿势，那么我不能连改进姿势的有效方法都不知道，就直接去游泳馆练习。如果没有有效的改进方法就练习，那么练习的效率一定非常低。为了提升练习效率，我应该先找到视频教程，看明白了，再带着改进后的方法去游泳馆，进行针对性练习。

又如我知道自己拟定标题的能力比较差，这就是明确的改进对象。针对这一问题，找到一些好的标题拟定技巧，对照着进行改进练习。

很多人在实践中遇到问题，知道要改，但没有先学习改进方法，仅靠一次又一次的实践，这样进步是很慢的，每一次改进练习，都必须用有效的方法去指导。

3. 要有刻意的重复练习

所有的改进练习，都必须包含刻意的重复练习。比如，想提高三分球的命中率，必须有大量的重复练习。

针对一个具体的改进对象，用有效的改进方法，进行大量刻意、重复的练习，才是有价值的改进练习。

4. 要进行对比分析和优化

每一次改进练习，都必须有对比分析。一方面，要对比这一次做的效果和之前做的效果；另一方面，要对比自己做的效果和对标的榜样做的效果。如果不做这一步，依然不能算是改进练习。

我在上大学时，经常和朋友一起出去玩滑板。玩滑板的人大多有一个习惯，就是在练习一个动作时，让其他小伙伴拿手机帮忙录下来然后反复看，对比自己的动作和高手做的标准动作之间到底有什么差别，然后进行调整。

所有的改进练习，都必然包含对比。对比是为了分析差距，然后通过刻意、重复的练习进行优化，弥补差距。

5. 要做专项单点的练习

改进练习，不要每次都追求综合、系统的练习。比如，不能为了练习写作能力，就一整天都在写文章；也不能为了学习打篮球，就每次去球场都把所有动作练一遍。因为这样练习的效率其实非常低。

最好的改进练习，是一个个单点的针对性练习，把一个单点重复多次优化改进好了，再继续改进下一个单点。

比如，想练出非常好的肌肉线条，就必须进行专项、单点、分化的训练。每次训练都有针对的肌肉群，其他部位都是次要的。如果在 1 ~ 2 小时里，把每一块肌肉都训练一遍，是不会有太大效果的。

又如滑板运动。一般滑板比赛是走一条线，在这一条线上有台阶、U形池、扶手等，运动员要在这条线上做出一整套动作。但是我们平时练习是单点的训练，可能一小时只练一个动作，连续练习两周，直到熟练，再练下一个动作。

这是第五点，要进行专项单点的练习，而不是综合系统的练习。

以上5点就是改进练习的核心和精髓，想在任何事情上成为高手，都必须按这5点进行改进练习，有效实践。

三、在改进练习方面，人和人是如何拉开差距的

第一点，有具体改进对象的人，会越来越厉害。有的人每次练习都是自然重复，没有具体的改进对象，没有针对性的练习目的，是盲目的；而高手每次练习都有具体的目的，有明确的改进对象，是有针对性的。

第二点，使用有效改进方法的人，会越来越厉害。有的人想改进一项技能，会直接采用多做、多练的方式，效率很低；而高手会先找到有效的方法，在此基础上改进具体的不足，效率很高。

第三点，进行大量刻意练习的人，会越来越厉害。有的人想改进一项技能，只做少量的练习，因此进度很慢；高手则是针对一个点，进行大量的刻意练习，因此改进的进度很快。

第四点，进行分析对比优化的人，会越来越厉害。有的人一直在埋头练习，从来不进行对比分析，因此进步不大；高手则是每一

次练完了，都要复盘、对比、分析，很清楚地知道接下来该优化什么，因此进步很大。

第五点，进行专项、单点练习的人，会越来越厉害。很多人为了保持新鲜感或让自己不觉得枯燥，每次都是整体、系统地进行练习，但这样做反而不是件好事，难以突破；高手则是那些愿意接受枯燥乏味的专项、单点训练的人，因此很容易突破自我。

在改进练习方面，人和人就是这样慢慢拉开差距的。

第三节

综合实战：如何通过综合实战拉开差距

　　任何一个领域，改进练习和综合实战都是从新手到高手的实践的两大核心，而且二者必须结合起来，缺一不可。

　　苏炳添为了进一步提高成绩，和教练一起做了一个重要决定——要改变起跑的左右脚。他本来一直习惯左脚起跑，但是教练发现，他在完全没有防备的情况下，身体的本能反应是先出右脚，这种下意识的反应更符合神经自然的状态，而短跑在很大程度上拼的就是神经本能。所以教练认为，如果换成右脚起跑，他的成绩可能会有突破性的进步。后来经过很长时间的改进练习，苏炳添终于从左脚起跑改成了右脚起跑，其起跑反应时间大大缩短。2015 年 5 月 30 日，他在国际田联钻石联赛尤金站男子 100 米比赛中跑出了 9 秒 99 的成绩，跑进了 10 秒大关。

　　即便是像苏炳添这样的顶级高手，也不会只进行综合实战，还要结合大量的改进练习。

　　改进练习是为了实战，而更好的改进练习，需要实战的反馈。

因此，任何领域的新手、熟手、高手，甚至是顶尖高手，都既不能忽视改进练习，也不能忽视综合实战。

一、为何要实战，与改进练习比，实战的价值是什么

1. 真正让我们进步的不是练习，而是实战

上高中时，我发现有一些同学平时的成绩很好，练习册上的题目大部分都会，但是一到重要的大型考试就考不好。

提高练习水平的目的是提高实战水平，但练习水平高，不代表实战水平高，而最终让我们战胜别人成为高手的，一定是实战成绩，而非练习成绩。因此，我们一定要在改进练习的过程中，合理、有节奏地安排实战。

我参加过两次高考，第一次高考考出了我高中三年的最好成绩，第二次高考考出了我复读那年的最好成绩。这么多年，我的学业、事业之所以一直发展得还算顺利，是因为我分得清什么是练习、什么是实战，在关键时刻从不掉链子。

2. 练习可控、实战不可控，要通过实战提升发挥能力

做练习时，不变的因素多，变的因素少，因为我们要控制变量做专项改进；而实战时基本上全是变量，不可控性非常大。

张伟丽就是通过控制其他变量，去练习唯一的变量。比如练习打沙袋或者跟陪练对打，陪练会主动配合，让她能更有针对性地改进某个动作。但是实战时，与真实的对手比赛，对手不但不会配合

你，而且巴不得每一招每一式都是你想不到的。

又如打篮球，要想提升三分球的命中率，可以自己在球场练习，投球时没有人防守，没有人干扰，也不会紧张，相当于控制了所有变量，我们只要专心提升自己的命中率就可以了。但是到了真实的赛场上，有了比赛的压力，我们就会紧张，对手也会想尽办法阻止我们投篮，不可控因素多了，命中率比起练习时自然会低一些。

我们还可以努力提高对自身的掌控度，如努力控制自己的情绪，努力保持最好的状态等，但是外部因素无法完全掌控，天气控制不了、观众的热情改变不了、对手的行动干预不了等。

综上所述，实战是为了提升自己的发挥能力，改进练习是为了提升能力、获得能力，综合实战是为了提升把训练好的能力更好地发挥出来的能力。

比如在一项技能上，有的人能力是 90 分，但是发挥能力不及格，因此成绩总是不好；有的人能力虽然只有 80 分，但是发挥能力很强，能把 95% 的能力发挥出来，有时候甚至能超常发挥，做到 90 分。对比之下，肯定是后者展现出来的能力更强。

在练习时掌握了再多的技巧和方法，如果在实战中发挥不出来，也没有用。很多时候，在实战中，拉开差距的往往是一个人把训练好的能力更好地发挥出来的能力。

这里提一个关键点，发挥能力，本身就是一项能力，是可以通过训练提升的，发挥能力强的人，每一次实战的发挥都是可控的。

比如，我这两年，几乎每天都会直播。我平时的直播相对来说比较随意，但是，我每个月一次的写作专场直播，几乎都能稳定发挥，配合运营团队，把潜在客户的转化率做到 30% 以上。之所以能达到这种水平，是因为我一直在锻炼专场直播的发挥能力。

所以，我们既要通过改进练习获得和提升自己的能力，也要通过综合实战提升把训练好的能力更好地发挥出来的能力。

3. 练习可以重复，实战不可逆，要通过实战训练专注力

在练习时，我们可以接受很多低级错误和低级失败，因为练习可以重复进行，基本不需要为失败付出代价，但实战是不可逆的，只有一次机会，没发挥好就是没发挥好，很难有重来的余地。

比如，在练习三分投篮时，一不留神没投中，没关系，再投一次就可以了。但是如果在比赛时，不小心走神了，好不容易接到队友的传球却没有把握住机会得分，这样的失误是无法挽回的，如果在一场重大比赛的赛点出现这样的失误，可能真的要后悔一辈子。

又如，平时上学时，不小心睡过头，迟到了，也没什么大问题，顶多被老师批评一下。但如果在高考那天不小心睡过头了，就可能造成无法挽回的损失，成为一辈子的遗憾。

这是练习和实战的第三个区别，练习可以多次重复，实战是不可逆的。

从这一点上讲，我们通过综合实战要培养的能力是做事注意力

高度集中、极致专注、达到心流的能力，以及抓住关键机会的能力，因为实战不可逆，我们必须抓住机会，在实战中充分发挥甚至超常发挥。

4. 要把改进练习时形成的单点、专项优势，通过综合实战变成综合、系统优势

比如，篮球的单项训练里，即使防守能力很强、三分球投得很准、抢篮板很厉害，也不代表赛场上的实战能力就会很强。

从这一点来说，我们在综合实战中，要把改进练习中习得的一个个单点优势，组合起来变成一种系统优势。

以上四点，就是练习与实战的区别，以及实战的目的，这也是本小节的重点。

二、在综合实战中，人和人是怎么拉开差距的

1. 直面实战的人，会越来越厉害

有一种人平时很努力地做改进练习，但是逃避实战。比如，有的人想提升沟通能力，但他只是在业余时间听课、看书，或者自己在家里练习、琢磨，一直不敢在真实的环境中使用学到的沟通技巧。

另一种人则既能够很努力地做改进练习，又能够直面实战，只要有实战的机会，就会把练习过程中获得的能力拿出来试一下。

对比之下，后者显然会越来越厉害。

2. 有明确的实战目标的人，会越来越厉害

有的人一直参与实战，但是并没有比较高的追求和目标，因此也很难有非常大的成就；另外一种人则总有明确的成就目标，这种人在练习和实战的过程中，往往都会有更大的动力和欲望。

比如，有的人不仅平时经常练滑雪，也会参加一些小型的比赛，但可能只是玩玩，没有什么目标。但是谷爱凌不一样，她在很小的时候就立志要参加奥运会拿到金牌。由于在这件事情上她有明确的成就目标，那么她每次去滑雪场时肯定比只是玩玩的人努力 10 倍、认真 10 倍，因此二者的进步速度肯定是有天壤之别的。

在学习掌握一项技能的过程中，实战上有明确的成就目标的人，从新手到高手的进步速度一定会更快，因为目标可以带来非常强劲的动力，形成强大的行动力。

这是在综合实战上，人和人拉开差距的两点。

第四节

练习总量：这个世界的公平和机会

一、这个世界的公平和机会

业余选手之所以赢不了职业选手，最核心的原因是练习总量不同。

比如，你是业余写手，我是职业写手。假设我们在写作上的基础条件差不多，你业余时间练写作，每天练习 1 小时；我每天从 9 点上班一直到下午 6 点下班，有八九个小时在训练，就算其中真正有效的训练时间只有 4 小时，那么我平均每天的练习量也是你的 4 倍。而且因为我是职业写手，所以一年中至少所有的工作日，我都在花时间训练写作，但你是业余写手，很难能做到每天练习，这样算下来，我每年的训练量可能是你的 6 倍以上。

所以，练习总量直接决定了业余与职业的差距。

再举个例子，我每年直播超过 400 场，如果不是职业主播，一周大概也就直播一场，再加上偶尔因为有事不直播，因此一年下来能直播 40 场就不错了，也就是只有我的 1/10。这就决定了职业主播与业余主播的差距。

永远不要有侥幸心理，不要觉得在一个领域里随便做做就可以取得好成绩，这是不可能的。同时，不管练习者是谁，有没有天赋，聪明不聪明，在一项能力上练习总量小的，永远赢不过练习总量大的。

从另一个角度理解就是，这个世界上始终有巨大的机会。这个巨大的机会就是，只要在一个领域用正确的方式进行足够大量的改进练习和综合实战，就可能成为高手。

练习一年与练习一年零两个月可能没什么差别，但是练习三四年一定比只练习一年要强很多，这是毋庸置疑的。

2022 年北京冬奥会，谷爱凌获得了两块金牌，很多人称赞她一定是个滑雪天才。当然，她可能确实在滑雪运动上天赋异禀，然而没有人能否认，虽然她只有 18 岁，但是已经练了 15 年滑雪。一个人 15 年来日复一日地做一件事，而且是用正确的方法做，不可能做不好。

我们当然承认人与人之间有天赋的差别，但是要成为任何一个领域的高手，都必须满足一个条件——在这一领域付出常人难以超越的练习总量。谁也走不了捷径，哪怕再有天赋也不行。

自从悟透了这一点，我就没有担心过以后会做不出成绩，因为我知道不管进入哪个行业、哪个领域，只要我大量而有效地练习，努力 3 年必定能做出成绩。这是这个世界留给想改变命运的普通人的一个巨大的机会。

二、为什么练习总量这么重要

1. 全面

一个人在某领域的练习总量越大，那么他所掌握的该领域的能力就越全面。

这是因为一件事、一门知识或一项技能就是一个系统，系统里有很多个环节、很多个点，练习总量大的人，在每一个点、每一个环节上都有常人难以企及的训练量，所以掌握得比常人更全面。

2. 准确

因为有足够大的练习总量，在每一个点、每一个环节上都进行了反复大量的改进，所以对于每一个点、每一个环节的把握都会更准确。

比如，像刘国梁、马龙那样的职业选手，在乒乓球这项运动上已经准确到对手随便发一个球，他们马上就能判断这个球是怎么打过来的，用的什么样的力度，运动轨迹是什么样的，会落在球桌上的哪个位置。而业余选手对于这些都只能判断个大概。

3. 应对小概率事件的效率更高

练习总量大的人，应对小概率事件的效率一定比普通人高很多。

因为练习总量越大，练习时长越长，所经历的小概率事件就越多。因此，那些真正的顶尖高手，即使在实战中遇到小概率事件，也总能很好地应对。

比如，平时开车，大家看起来都差不多，但小概率事件发生时，如前车追尾、对面的车失控等，驾驶高手往往可以迅速避让，而普通人可能根本反应不过来。

应对小概率事件的效率可以区别普通的熟手、高手和顶尖高手，而这种区别也是在练习总量上拉开的差距。

4. 经验量

经验是指某件事或某领域中的因果关系，即什么样的行动能得到什么样的结果。在某件事或某领域积累、分析的因果关系越多，对行动可能导致的结果就把控得越准确，越知道怎么做才更有可能得到想要的结果。

5. 发挥

练习总量越大，发挥水平往往越高。他们不断地面对复杂环境练习应对能力，不断地培养自己在实战中拥有更稳的心态、更好的精神状态、更极致的专注力等，所以比大部分人发挥得更稳定、更好。

三、业余选手如何练习才能更快进步

既然业余的永远赢不过职业的，那么我们还要继续练习吗？当然要。因为我们只需要与同纬度的人比。

比如，在写作这件事上，我们的竞争对手不是专业的作家，而是我们身边的人，如同事、朋友、亲人等。

了解了这一点之后，我们接下来要讲的是，业余选手怎样做才能进步得更快。

1. 尝试变成职业选手

要想从新手变成高手、顶级高手，"成为职业选手、增加练习总量"是最快的方法。比如，成为写作方面的顶尖高手，就要增加写作时间、提高写作总量，为了达到这个目的，最好的办法就是让自己变成职业写手。当然，这也就意味着我们从此真的要去与职业选手比。然而，如果因为种种原因不能职业化发展，那么可以通过以下方式快速进步。

2. 做到"业余专一"

首先，学会放弃，专一投入。 刘慈欣、当年明月等畅销书作者都不是职业作家，但他们都是写作领域的顶尖高手，他们都有碾压绝大多数人的练习总量。这是因为他们把自己的业余时间全部都专一地投入在写作这一件事上了。

假设我们现在有自己的本职工作，想练习写作，想提高练习总量，就只能把其他事情先放一放，将所有业余时间都用于写作这一件事。经过一年业余时间的投入，你在写作这件事上的练习总量就会很快超过其他人。

其次，找到一个职业环境。 我们虽然是业余的，但也要给自己创造一个职业的环境。

举个例子，想练习新媒体运营能力，就可以在新媒体这个领域给自己创造一个职业环境，比如加入一些新媒体社群组织，认识一些职业运营新媒体的朋友等。有了这样一个职业环境，成长速度就会加快。

最后，利用职业任务驱动。虽然我们目前是业余的，但是我们给自己安排的应该是与以此为职业的人一样的任务。比如当年明月、刘慈欣，虽然都是业余写作，但是他们给自己的任务与全职作家没有区别——只要没事就开始写书，一本一本地写。他们不会因为自己是业余的就写着玩，也不会写出来只是自己看看，不发表。

我的很多学员也都是利用业余时间做新媒体，但他们从来没有因为这是副业就不重视，反而会给自己安排职业化的任务，如认真定位、规划内容选题，做自己的内容、做自己的课程、做自己的社群，努力提高影响力等。用职业任务来驱动自己，和职业化的人做一样的事，面对的竞争对手也是职业的，所以这类人的成长速度就会比一般的业余选手快。

说了这么多，其实不管怎么样，核心原因不变，要想获得真正大幅度的提升，从新手进阶到高手，最重要的就是提高练习总量，这是这个世界提供给每一个人的一个公平的、巨大的机会：一方面，谁都可以受益；另一方面，谁也无法违背。

第五节

模仿借鉴：是捷径，但也是技术活

模仿借鉴，是从新手进化到高手，从低水平实践到高水平实践的一种捷径，其背后的逻辑依据是我们想做的事，大多数都有人做成功过。既然有人做成功过，那么我们就不用盲目实践，而应该先找对标对象，然后模仿借鉴。

任何一个领域的高手和那些成长比较快的人，都有一个共同特质：擅长模仿借鉴。

模仿借鉴听起来好像很简单，其实是一个技术活。

一、寻找模仿借鉴对象

模仿借鉴的第一步是寻找模仿借鉴对象。我们可以从以下两个方向寻找模仿借鉴的对象：一个是在同领域、同事项中寻找；另一个是在其他领域、其他事项中寻找。

1. 同领域、同事项

如果想在公众号领域把自己打造成一个知识 IP，就要在公众号领域找知识 IP 的账号去模仿借鉴；如果想通过视频号直播销售知识产品，最快的学习方式，就是去找视频号上做得比较好的知识主播的直播间，看他们是怎么做的；如果想做一门时间管理课，就去找到这个领域里已经开了时间管理课的老师、已经做了时间管理社群的主理人，或者已经写了很多时间管理方法的作者，去看他们是怎么做的。

以上都是同领域、同事项地进行模仿借鉴，它的优点是容易找到对标对象，模仿起来容易成功。

2. 跨领域、跨事项

跨领域、跨事项地进行模仿借鉴，优点是容易领先同行。

作为一个知识 IP，学习其他知识 IP 做直播，模仿出来的结果肯定与主流做法差不多，因而同质化程度比较高。但是一个知识 IP，如果去学习卖货直播间，就可能习得一些其他知识 IP 还没有使用的方法，如销售话术、产品包装策略、上架逻辑、人员搭配等。

这样容易有创新，也容易领先同行，因为这些经验是从其他领域学来的，还没有在我们所在的垂直领域普及。不过它也有缺点，在自己不熟悉的领域找对标难度系数较大，更考验我们的思考能力、分析能力和学习能力，需要多花心思。

举个例子，想学习怎么做课程海报，最好的借鉴对象就是那些优秀的知识 IP 同行，他们那些成功的课程海报和介绍页面，他们课程海报上的文案，海报由哪些元素构成，介绍页面怎么规划模块等，都值得我们模仿。这是同领域、同事项的模仿借鉴，更容易找到对标对象，也更容易模仿成功。

如果有一些新想法，想领先同领域的其他人，也可以打开购物 App，模仿借鉴一些超级爆款产品的海报和介绍页面来制作课程的宣传物料。

比如，推广一门课与推广一本书有很多相似性，想推广课程，可以打开购物 App，找出这几年的畅销书，看看它们的海报是怎么设计的，产品详情页是怎么制作的，一定可以找到值得借鉴的地方。

这就是典型的跨领域、跨事项模仿借鉴，可以让我们学到不一样的东西，有机会领先同行。

除了单独模仿借鉴某一种对象，也可以把两种对象结合起来学习。

比如想做一个知识 IP，一方面，可以借鉴该领域比较成功的 IP；另一方面，可以去研究其他领域，如电影或动漫的爆款 IP，看它们的魅力到底来自哪里。

跨领域、跨事项的模仿，更容易得到有差异的借鉴点，让我们有超越同行的机会。两种对象综合模仿借鉴，整体效果会更好。

二、确认能否模仿借鉴

世界上没有两片完全相同的叶子，更不可能有两个完全相同的人。人的想法、特点、思维方式各不相同，所做的事和做事的方式也各不相同。因此，我们模仿其他人一定不能盲目。那么应该怎么模仿，才能成功率更高，适配性更强？

1. 整体相似性越高，适配性越高

举个例子，你刷到一个美妆博主，她涂了某个颜色的口红，你觉得很好看，也想买一只。这时，你要多想想，要看你的"系统"与对方的"系统"整体上相似性高不高，这个"系统"包括年龄、职业、性格、气质、穿搭、肤色、发型等，如果你在这些方面，整体上与对方差异很大，那这个口红就不适合你。

在模仿借鉴时，也一定要看整体相似度。整体相似度越高，适配性越高；整体相似度越低，适配性越低。

举个例子，现在我的公众号推送的文章，很多都是精选其他作者的文章，以这种方式，我们可以做到每个月涨粉 2 万左右。如果你的公众号与我的公众号整体相似性并不高，比如，我的账号是职场、个人成长主题的，我的个人 IP 已经很成熟了，而且已经有 110 万粉丝，只要发表文章就会有 2 万左右的阅读量，且有后续转发分享和涨粉，而你的公众号不够成熟，没有粉丝基础，就不宜模仿我的做法。

又如，我的视频号已经有 20 万粉丝了，可以暂时不追求增长，

只要保证发布的每一条视频质量高，能服务已有用户，就可以保持收益。但是你不行，在有足够多的粉丝之前，你的核心目标应该是涨粉。

2. 要素的独立性越高，模仿性越强

一件事在整个系统中越独立，越可以直接模仿。

举个例子，想学习公众号排版，你只要找到一个自己喜欢的样式，直接模仿借鉴就可以了。因为排版这件事，在整个系统中是相对独立的。

有相对独立性的要素与系统中的其他要素之间不存在明显的因果关系，甚至不存在明显的相关性。比如排版方式，与公众号有多少粉丝关系不大，与文章的内容质量关系不大，与公众号主理人是不是一个成熟的 IP 关系不大，它是一个相对独立的事情。

要素的独立性越高，适配性越强，就越可以直接模仿，这一点也特别适用于学一些单点技能。

比如想学滑滑板，这件事与我们所学习或模仿的人是什么样的没有太大关系，因为它是一个独立性非常高的技能，谁学都是这样。

再举一个反例，作为一个内容创业者，可能会问：粥左罗的团队是怎么安排的？公众号的关键绩效指标（KPI）是怎么定的？编辑的激励手段是什么样的？就算把这些内容都告诉你，你也不能直接模仿借鉴。因为这些要素都是相互关联的。我的团队安排与我的创

业阶段、营收情况、业务发展等息息相关，即它依附于其他要素存在，无法直接模仿借鉴。

三、模仿借鉴的范围

模仿借鉴，既可以是整体模仿借鉴，也可以是部分模仿借鉴。公众号排版就可以完全模仿，如大标题、小标题、正文的字号，金句的颜色，行间距和段间距的设置等。这就是整体模仿借鉴。

当然，我也可以只模仿借鉴一部分。对方的配图方式我不喜欢，那么我就不模仿这部分，只模仿那些我认为好的地方。

另外还有一种情况，很多东西只能部分模仿借鉴，不能整体模仿借鉴。

举个例子，你想做一个社群，我们社群的运营方法、构建方法，一定值得你借鉴。或者你想做一个训练营，也可以模仿借鉴我们的写作训练营，如怎么招生拉群、群规怎么设置、怎么招募助教老师批改作业、怎么招募班长配合大家学习等。但是这些都不能整体模仿借鉴。因为系统和系统不一样，系统主理人的优势、特点也不一样，我能做到的你不一定能做到，你擅长的我也不一定擅长。

有些事只能部分模仿借鉴，我们挑其中与自己适配性最高的那部分就可以，不能盲目模仿借鉴。

四、模仿借鉴的程度

1. 绝对正确的，可以完全照做

对标对象所做的绝对正确的东西，可以完全照搬。比如，我做直播时，每次都会提前把下一场的直播预约设置好，然后在整个直播过程中，我会不断地提醒大家预约下一场。预约人数越多，下一场直播开播时进来的人就越多，系统推送的流量就会越多。提前预约这件事绝对正确，任何人做直播时都完全可以这么做。

又如，作为一名知识主播，我在直播间里会用白板或贴片的方式展示我要卖的课程、个人介绍、优惠信息等，虽然具体方式可以不同，但这种做法是绝对正确的。用户只要进入直播间，看到白板上的信息，就可以马上建立一个初步认知，得到一些优惠信息。

2. 有前提条件的，先改进优化再借鉴

很多事情的成立有其前提条件，要模仿借鉴这些事，就得看你的前提条件与模仿对象的是不是相似。比如，知识主播直播时要有白板和宣传物料这件事本身是绝对正确的，可以直接照搬，但是，物料内容、宣传信息等，就不能完全照搬。

你的宣传物料具体要放什么内容，取决于你直播的前提条件是什么、你要做的是什么，必须按照你自己的需求来。

再比如，直播间的直播节奏也不能完全照搬。我在直播间里整体的节奏是讲 20 分钟干货、卖 10 分钟课程，你也可以模仿这样的设计，但是不一定要照搬，而是应该优化后再模仿借鉴。

五、模仿借鉴的深度

模仿借鉴的深度也有两种：一种是浅层的模仿借鉴，更多地模仿一些形式上的东西；另一种是深度的模仿借鉴，更多地模仿一些本质的东西。

1. 浅层的模仿借鉴

我在视频号上发布了一个千万级播放量的爆款短视频"一个普通男孩的十年之北漂 7 年买房故事"，这条视频目前的状态是播放量 1700 万、点赞 30 万、涨粉 8 万，在我看来是一个非常成功的个人经历类爆款短视频。

后来，我们做了一个 7 天实战营，让大家模仿借鉴，去做自己的个人经历短视频。在这个过程中，我发现有些人只会浅层地模仿借鉴。

浅层的模仿借鉴主要是形式上的，如配乐、排版、节奏、标题等。这种模仿借鉴没有学到本质，很难有所突破。

2. 深度的模仿借鉴

配乐、排版、字幕、节奏、标题不是内容的全部，甚至不是内容的核心。内容的核心是主题、叙事结构和表达方式、情感共鸣等。然而，很多人都没有模仿到这个深度。

比如，我的视频虽然以"一个普通男孩的十年"为主题，但我不是搞了一个"大杂烩"，我有清晰的主题，有明确的细分话题。很多人没拆解到这种程度，做出来的视频就是"大杂烩"，完全没有明确的主题，是一种流水账式的个人经历。

再比如在叙事结构上，我有一个线索就是从租房到买房，我用这个线索讲了一个普通人成长的故事：最开始住地下室，后来和别人合租，再后来独立租房，然后租更好的房子，直到最后自己买房。这是一条线索，但很多人都没有注意到。

我们在模仿借鉴的时候，一定要学会深度模仿借鉴与浅层模仿借鉴相结合。通常情况下，模仿借鉴的东西越复杂，越要注重深度模仿借鉴；模仿借鉴的东西越简单，越可以做浅层模仿借鉴。

举个例子，作为一个知识 IP，其定价、服务周期、运营模式是一个比较复杂的系统，因此要注重深度模仿借鉴，一定要拆解出背后的因果关系。我们要先研究明白模仿对象为什么这么做，自己与模仿对象有什么区别等，分析完之后再进行模仿借鉴。

六、模仿借鉴的注意事项

首先，我们不能只模仿借鉴某一个或者某几个对象，最好多模仿一些对象，综合模仿借鉴；其次，我们一定要理解"工夫在诗外"这句话。

我之前看过一篇文章，讲了一个案例。很多年前，伦敦有一家医院，他们希望设计一套更高效的交接方式。因为医疗流程、手术流程都比较复杂，交接既要准确，又要高效。为了优化流程，他们选择了跨领域、跨事项的模仿对象——法拉利一级方程式赛车队的维修站工作人员。

选定了模仿借鉴的对象后，医生们与车队维修人员共事，很快发现了医院内部交接流程的问题所在，并重新设计了交接流程，从而大幅度减少了医疗失误。

很多时候，跨领域、跨事项的模仿借鉴会产生意想不到的结果。

我研究个人 IP 时，会借鉴电影 IP、动漫 IP；我讲个人成长时，会借鉴企业经营、产品运营。比如，我的"个人爆发式成长课"里有个模块叫"个人发展靠经营"，其中有两节课，一节讲市场思维，一节讲品牌思维。企业要做市场，个体也要有市场思维；企业要打造品牌，个体在职场里也要打造个人品牌，这就是跨领域、跨事项模仿借鉴。

有一个词叫融会贯通，这是一种比较好的思考学习方式，也是跨领域、跨事项的模仿借鉴应该达到的状态。比如，我某天下午随便翻开一本书读了一会儿，就看到了和当天晚上直播相关的内容，而且这种情况经常发生。下午看的书是随机的，晚上要讲的主题很多时候也是随机的，在两个随机的事情中找到一些相关的点，这就是融会贯通，其实本质上，也是跨领域、跨事项的模仿借鉴。

再比如我准备"成为时间管理高手"课程的那段时间，一直在看许知远的采访节目《十三邀》，主要是在我写课感到疲惫时调节一下心情，但是我发现，我经常能从中找到一些观点或素材，用在我下一节课的内容里。原本看节目和写课程这两件事没有什么关系，但是我学会了跨领域、跨事项的模仿借鉴，就把两件原本不相关的事情打通了。

　　我现在不需要大量输入，也可以保持高质量输出，但以前不是。以前我读 10000 字可能只能输出 3000 字，但现在我学会跨领域、跨事项模仿借鉴，举一反三、融会贯通的能力变强了，输入 3000 字就可能输出 10000 字。这个能力需要时间的积累，我们每一次学习思考都会进步一点点，有一天到了临界点，能力就会爆发出来。

　　比如，很多同学一直在听我的直播，或许就能感受到自己举一反三的能力在变强。随着时间的推移，有一天他们就会发现自己突破了一个临界点，掌握了这种举一反三的思考方式。

第四章

如何通过深度思考，提升学习、认知和实践的效果

从这一节开始，我们进入第四模块"如何通过深度思考，提升学习、认知和实践的效果"。

我们每天都在思考，虽然无法明确地描述，但肯定有一套普遍的、通用的、底层的方法在帮助我们思考。

无法明确描述，就说明我们掌握得不好，仅仅是自然而然地使用。这导致了我们思考问题不够深入，甚至做出错误的判断，应通过刻意学习来掌握、提升思考方法。

本章所讲的对比法、类比法、演绎法、归纳法、分析法、综合法、矛盾论都属于底层的思考方法。

这些思考方法，我们每天都在不知不觉地使用，比如在想事情和表达沟通时，用了类比法、归纳法、演绎法等，但是我们从来没注意。

如果我们把这些思考方法系统地学一遍，平时有目的地使用，就可以不断进步、不断提升。

第一节

对比法：如何通过对比法深度思考，高效学习、认知和实践

对比法是非常重要的思考方法，是学习的底层能力，学会后，我们就可以用其分析解决所遇到的问题。下面，我用三部分内容来讲清楚如何用好对比法。

一、对比的核心方法是什么

在展开讲怎么应用对比法之前，我们要先知道什么是对比法。对比法是一种学习思考方法，使用这种学习思考方法，我们可以更好地认知和分析事物，从而提高认知和实践水平。

比如你把我与另外一位知识博主进行对比，可能是为了更好地认识我，也可能是为了更好地认识他，或者是为了分析知识博主到底有什么共性等。不管是出于哪种目的，核心都是提升自己在这件事上的认知和实践水平。

下面要讲的是对比的核心方法——T 形对比。每当我们要用对

比法去了解和分析事物时，就可以拿出一张纸来画一个 T 形，然后对比两个系统的不同要素。

任何一个人都是一个系统，作为知识主播，我是一个系统，其他知识主播各自也都是一个系统。将我与其他主播进行对比，就是将两个系统进行对比，主要对比其中的要素和结果。

假设要对比我和另外一位主播的直播效果，就可以从这两个方面展开：对比要素，即人、货、场等；对比结果，即场观、销售额、点赞量、热度等。

为什么要用对比法了解和分析事物？主要是为了对抗凭感觉、靠直觉做判断的习惯。比如要买房，到底应该在哪个城市买，两个小区到底哪个更好，同一个小区里的 4 套房子，到底该买哪一套等。这些都需要做出决策和判断。

大部分人在这种时候都是凭感觉和直觉进行判断的，但是高手不管在日常工作、事业规划还是其他事情上，都不会凭感觉和直觉做出判断，他们会理性地分析，然后做出决策。

对比法就是理性分析中一种非常好的方法。

二、对比法的 3 种典型应用场景

1. 做出决策

我们在做决策时，可以用对比法进行分析，这也是对比法最常见的应用场景。到底要不要买房子，要不要换工作，要不要买车，要不要创业等，在做这些重要选择的时候，都可以通过对比法进行分析。

以买房为例。在做出这种人生中比较重大的决策时，我们必须非常认真地分析，做出相对较好的选择。

在买房的决策中，第一步是明确对比的两个系统：系统一是买房的优点；系统二是买房的缺点。明确了两个系统分别是什么，接下来就是针对系统一和系统二进行对比（如图 4-1 所示）。

买房的好处：
不再租房和交房租；
房子未来可能升值；
……

买房的坏处：
房贷加大经济压力；
限制以后工作调整的选择；
……

图 4-1　用对比法分析买房选择

综上所述，当你在决定买不买房的时候，可以用系统对比的方法，列出几个要素，再去分析、对比，从而做出较好的决策。如果只凭直觉和感觉，就很容易做出错误的判断。

假设决定买房，还可以继续使用对比法进行思考分析，做出进一步的决策——在哪个城市买房。对我来说，房子的投资价值和未来的发展价值这两个要素比较重要，因此，我可能会考虑北京和深圳这两座城市，然后在这个基础上进行对比分析。

遇到这种二选一的情况，一定不能凭感觉和直觉做决策，而应该将其分成两个系统，去理性对比相应的要素。在这个例子中，系统一是深圳，系统二是北京。具体要对比的要素可以是城市的房价、人口总数、整体的经济实力和经济增速、居住条件、宜居程度和教育水平等。我们关心的所有内容，都可以列出来进行对比分析，从而得出一个相对可靠的决策。

假设最终决定在北京朝阳区买房，可能需要从三个小区里再做一次选择，这一次还是要通过确定系统、列举要素的方式进行对比。可以再把这三个小区看成三个系统，对比其中的关键要素，如小区的位置，房屋的品质和户型，小区配套教育、商业、物业、交通、景观，房子的单价和总价等。一旦把这些要素都列出来，经过了理性的对比分析，就比较容易得出一个合理的结论。

决定要在其中一个小区买房后，可能有三套合适的房子作为备选，继续把这三套房子看成三个系统，再分别对比楼层、户型、朝向、景观、噪声、采光、单价、总价等一些关键要素，最终做出理智的决策。

很多人做决策时之所以容易纠结，往往是因为没有进行科学理性的分析对比。没做好这件事，对两个选择的认知就是模糊的，最后只能靠直觉、感觉进行判断，不仅很容易犹豫不决，也很容易做出错误的决策。

反过来说，如果把关键要素都一一列出来，并且进行理智而认真的分析，决策自然而然就会形成。

除此之外，比如你在想副业是选择写作、做短视频，还是去做其他事时，可以把每一种副业方向作为一个系统，列出其中的要素进行对比；找工作在几家公司中进行选择时，也可以用对比法去分析，把所关心的几个要素，如月薪、职位、公司发展、企业文化、直属领导等，都一一列出来进行对比，分析完后自然就知道答案了。

这是对比法的第一种应用场景——做出决策。以上案例也说明，对比法在一件事情的不同环节或不同阶段，都可以用到。

2. 改进提升

除了做决策，当我们要学习提升一项技能或者优化一个动作时，也可以用对比法来做改进提升。

比如，健身人士就可以用对比法来改进和提升健身的效率。一个简单的引体向上，可能大部分人都做得不标准，如果希望把动作做得更标准或者提高训练效率，可以通过对比法改进提升。

这里涉及三种对比。首先，别人和别人对比。假设我们找到高手 A 和 B 两个人，通过对比他们的动作，我就能知道谁做得更好，我更倾向于向谁学习。这是别人和别人对比。

其次，自己和别人对比。假设我们决定向 A 学习，就应该再去对比自己和 A。把关于引体向上的一些要素列出来，如握距的宽度、正手还是反手、身体的姿势、动作的频率和幅度、要不要加负重等，然后对比自己和 A 在这些要素上的区别。当我们一个要素一个要素地对比过后，效率就会提升。因为我们把一个系统拆成了若干个部分，把每一个部分都优化好，再叠加起来，进步程度就会非常明显。这是自己和别人比。

最后，自己和自己比，就是自己做一组，让旁边的人帮忙录下来，然后调整自己的姿势等，调整完再做一组再录下来，然后对比自己前后两次的差别。也可以进行跨时间的对比，用视频对比今天做的这组和 10 天前做的那组有什么区别。这样就可以知道自己哪些地方做得好，哪些地方做得不够好，找到自己改进的空间。这是自己和自己对比。

我们在提升任何一项技能或能力时，都可以用这 3 种对比方法，进行改进提升。

比如学习做直播，可以先找几个做得比较好的主播进行对比，分别对比他们的人、货、场 3 个要素，然后找自己需要优化的地方。同时，也要自己和自己对比，录一个自己直播的 10 分钟片段，等连续直播 10 场或者连续直播 1 个月之后再录一次，对比前后两次自己在人、货、场这 3 个要素上有没有明显的进步。

我们可以对大系统进行对比，也可以对小系统进行对比。比如学习做直播，我们可以对比整个直播间的人、货、场这个大系统，也可以只对比"人"这一个小系统，即两个主播在表现力、情绪状态、表达方式等方面有什么差别。

3. 认知分析

要想更好地认知和分析某事物，也可以用对比法进行分析。

假设我想了解一下近年来社会系统中女性的情况，就可以针对一些要素去做对比，如受教育程度、职业发展、婚姻育儿等方面。这样认真分析下来，就可以更好地认识和理解社会系统中女性各方面的状况。

再比如，我想更好地了解抖音和视频号在直播方面的区别，那么我们也可以用对比法来分析，拿出两部手机，一部看视频号的直播，另一部看抖音的直播，针对其中一些关键要素进行对比。

或者我们想更好地了解"知识付费"，就可以用对比法去分析各个知识 IP 在课程、训练营、社群、一对一咨询这 4 个系统上分别有什么优劣势，也可以列举一些关键要素，如用户体验、运营成本、利润等，从不同的维度去对比分析。

这样我们就可以分析得出，音频课是基本不需要运营的，训练营因为需要有班长、助教等服务人员，所以它的运营成本比较高，社群的运营成本可能介于二者之间等结论。

这就是通过对比的方法进行认知分析。

三、应用对比法的 4 个关键维度

在做对比时，主要有 4 个关键维度：相同点、不同点、差距和创新。

比如买房子，我们可以对比不同的房子在交通、价格等一系列要素上，分别有什么相同点和不同点，有什么差距和创新。

同样地，如果想提升做直播的能力，可以针对两个优秀的直播间各个要素之间的相同点、不同点、差距和创新进行对比。比如，针对直播间的布置，这两位主播的相同点是都使用了白板，不同点是，一位用的是手写的白板，另一位用的是电子屏幕。

比较差距则可以这样理解：我们买房子时，对比两套房子窗外的景观，一套房子看出去是公园，另一套房子看出去是建筑或马路；对比采光这个要素，一套房子全天有阳光，另一套只有半天有阳光。

最后再讲一下创新。比如我们观察不同的直播间主播的卖货方式，有的主播比较中规中矩，而有的主播则创新了直播方式，如用双语直播或用讲课的方式来卖货。

第二节

类比法：如何通过类比法深度思考，高效学习、认知和实践

每个人在说话、写作、思考时，可能都会用到类比，因为类比法是一种非常重要的学习思考的底层方法。但很多人对类比法可能都只有模糊的感受，没有清晰的认知，所以用的时候经常会进行错误类比而不自知。

一、什么是类比法

我之前买过一本书叫《产品三观》，这本书封面上写了一句话："人有三观，好的产品也有。"这本书在介绍作者时有一句话，说他开创性地提出，如同人有三观，一款好产品同样具有三观——用户观、价值观、世界观，用户观决定一款产品可不可以做，价值观决定是否能做成，世界观决定能否做大做强。

类比法就是将不同事物的相同方面进行比较。这本书非常创新地使用了类比法，提出了"人有三观，好产品也有"的理念，给读

者理解怎么做产品架起了一座桥梁，读者如果理解人的三观，就可以更好地理解何谓"好产品"。所以，类比法是非常好用的一种学习思考方法。

那么，类比法和前文讲的对比法有什么不同？对比法常常是就同一事物的不同角度进行比较，类比是找到不同类别事物之间的共同点进行分析，以便人们更好地理解、认知和分析。从特殊到一般的推理方法，叫归纳法；从一般到特殊的推理方法，叫演绎法；类比法则是从特殊到特殊的推理方法。

二、类比法的使用方式

讲完了什么是类比法，接下来讲讲类比法怎么用。

我们想研究一个对自己来说比较新的事物，最好找一个与这个新事物相似而且我们已经研究透彻的事物进行类比，用熟悉的事物来理解陌生的事物，用已知的事物来解读未知的事物，用擅长的事物来理解不太擅长的事物。

当我们要研究一个相对没那么成熟的领域时，也可以去看那些已经比较成熟的领域，去分析这一领域的方法论、概念、逻辑等，再类比要研究的新领域，帮助我们理解和掌握。

以上是类比的核心用法。接下来，我们用一些案例来理解并学习类比法的实际使用方式。

1. 用类比法分析升职加薪

要分析论证什么样的人更容易升职加薪，就可以用"军工六性"这个经典模型去类比一个员工在职场中的六项能力。

"军工六性"是指军用产品必须具备六个方面的性能，分别是稳定性、适应性、安全性、保障性、维修性和测试性。

比如稳定性，一把枪、一门炮，其质量和火力必须足够稳定，不能时好时坏，这就是军工产品的"稳定性"。对应到职场上，这种能力被称为"靠谱"，是指一个人工作质量和结果的稳定性，不能心情好的时候干得好，心情不好的时候就干得不好。

比如适应性，军工产品应在各种极端环境中，无论极地、沙漠、高原还是沼泽，都能正常使用，这叫适应性。对应到职场中，这种能力叫"职业化"，即无论工作环境和其他因素等如何变化，都能适应，都能把工作做得像往常一样好。

2. 用类比法找到人生定位

我以前拍过一条短视频，主题是"不知道怎么定位，就先给自己定价"。我在短视频里讲了刘润老师讲过的一个关于房地产的案例。建设一套楼盘，是先定价，还是先盖房子？当然是先定价，楼盘是什么价位，房子的设计、材料、配套服务等就定什么标准。反过来，如果先盖房子再定价，那么在设计和具体施工时就不清楚到底以什么为标准。

进行个人定位时，我们可以类比以上方式，如果不清楚自己的定位，可以先给自己"定价"，问问自己"我希望自己值多少钱"或者"我想赚多少钱"，然后根据价位去倒推自己的定位，想要达到该价位，需要具备哪些能力，需要做出什么成绩等。

比如你现在月薪 5000 元，很迷茫，不知道自己的未来在哪里，不知道应该做什么，就可以先想"我的'价位'是月薪过万"。在追求月薪过万的过程中，你会更容易找到自己的定位和目标。

在我创业的前几年，我总是不太清楚下一年的工作重点在哪里、要怎么规划。为了解决这个问题，我先给自己"定价"，然后倒推出我需要做哪几项业务，每项业务的营收需要做到多少，需要怎样的人员配置等。最后，围绕定价去行动，事情做好了，目标也完成了，可谓一举两得。

3. 用类比法分析职场经营

我们在实践中运用类比法，也可以套用对比法中的 T 形模式，即将所类比的事物分成若干系统，然后比较系统里的各个要素。

举个例子，我们经常听到一句话："像创业一样去打工，像经营一家公司一样经营自己。"这其实就是在进行类比，我们可以把要素拆出来一个一个去比较，如创业成功需要满足什么条件，创业者需要具备哪些特质，创业过程中哪些事情最重要等，然后逐一与工作中对应的各个要素进行对比，找到进步的方向。

我们也可以用经营公司来类比自我经营。一家公司一定要有一个核心产品，比如苹果公司的核心产品——苹果手机，这么多年一直保持高收入、高利润。我们要像经营一家公司一样经营自己，就要找出自己的核心竞争力或核心技能，然后思考怎么才能像苹果公司经营自己的产品一样，把自己的核心技能"卖"出高价。

为了达到该目的，我们就要去研究：苹果公司为了让手机售价更高，使用了什么方式打造品牌？用了什么营销方式？销售时最注重什么……然后把研究得到的结论套用到自己身上，如应该用什么方式提高自己的价值、口碑，如何扩大自己的影响力，等等。

4. 用类比法分析恋爱婚姻

我之前做过一条短视频，讲的是一间屋子至少得有三根柱子，如果只有一根柱子，哪怕这根柱子再粗，也撑不住这间屋子。

我们可以用这个道理去类比论述其他事情。比如，人应该让自己的幸福来源多样化，不能把自己的幸福押注在单一的事情上。正因如此，我不建议女性在生完孩子后，就把自己的精力、时间、注意力全都倾注在孩子或家庭上。因为如果这样做，她的人生就成了一间危险的房子，只有一根柱子支撑，一旦这根柱子出现问题，比如孩子长大了，不再需要无微不至的照顾，她的这间"房子"就会倒塌，幸福也会荡然无存。

再比如，有些女生把爱情当成唯一的幸福来源，愿意为此放弃很多东西，这也是很危险的。

综上所述，如果把人的幸福类比为一间房子，那么这间房子要有好几根支柱才会比较安全，这些支柱可以是自己的事业、爱情、兴趣爱好等。

这里还要强调一点：类比其实是一种不严谨的推理，如果在使用类比法时层次搞错了，那么类比的结果就有误。

5. 用类比法提炼认知观点

我对写作有一个认知：我们应该每天阅读一些严肃的、不容易理解的文章或图书，但是在具体写作时应该写通俗易懂的内容。如果将难度量化，即读难度为 9 分的文章或图书，输出难度为 7 分的内容即可，难度太大了，用户看不懂；难度太小了，我们和用户之间就有认知差。

我一直想把这个认知总结出来，但是没有想到特别合适的表达。直到有一天，我受到张伟丽的采访的启发，就用类比法比较顺利地将它总结为"升维训练，降维打击"。

张伟丽在接受采访时说，她看到安德拉的时候就觉得自己稳赢，不可能输，因为她天天和体重 70 多千克的男选手练习，而安德拉的体重只有 50 多千克，与练习相比，难度降低了不少。

后来，我用张伟丽的故事给学习写作的学员解释"升维输入，降维输出"的时候，他们都能够更好地理解了。

6. 用类比法分析经营策略

冯仑有一个观点叫"大象哲学"，即成大事者需要的特质可以类比动物世界里的"王者"，如狮子、大象。

比如，大象是食草动物，体型够大，草作为资源来说也是充足的，因此大象不需要通过与其他动物竞争、搏斗获取食物，而且大象很勤奋，时刻都专注于获得自己需要的东西。

狮子则相反，狮子是食肉动物，吃了上顿没下顿，吃饱一顿管四五天，所以狮子的生命维持永远以杀死其他动物为前提，而大象的生存观念是大家都能活，我们可以共赢，这便是成大事者的一个特质。

再比如，狮子大多先发制人，永远都在奔跑捕猎，而大象基本上不会主动攻击，哪怕对方是比它小很多的动物。它不盲目争取，不盲目攻击，但是如果有其他动物伤害自己，它也有后发制人的本事，这也是成大事者必备的品质之一。

基于这些分析，冯仑从大象身上总结出了一套为人处世的结论——要想在竞争当中保持强者地位，并不需要去伤害别人，只需要像大象一样做好三件事就可以了：第一，可以不争，要做大家都能活的事情；第二，保护好自己；第三，没事不惹事，有事不怕事。

通过类比，大象成了一个形象、好理解又有说服力的例子，让我们理解一个人要成大事，应该具备哪些品质。

类比法的好处在于，我们可以不断更换类比参照物，只要它形象、好理解又有说服力，就可以拿过来用。

用了类比法之后，我们会发现万事万物总有相通的点，这可以帮助我们触类旁通、举一反三。

比如，有一本书叫《用户体验要素》，作者把一个产品的用户体验分为五个层次，分别是表现层、框架层、结构层、范围层、战略层，我可以用类比法把个人 IP 也分成这五个层次，从各层次入手，思考想要更好地打造个人 IP，分别需要做些什么。

把一个产品领域的经典模型通过类比的方法迁移到打造个人 IP 这个领域，用一件事更好地去讲另外一件事，或者把一个经典方法套用在另一件事上，都是在运用类比法。

但我们在前文也说了，类比是不严谨的推理，能不能用好这个方法，取决于对类比参照物是否足够熟悉，以及对要解决的问题是否有足够的理解。如果做不到这两点，类比就很容易出问题。

第三节

演绎法：如何通过演绎法深度思考，高效学习、认知和实践

要想更清晰、深入地思考问题、分析问题、论证问题，或者想写好一篇文章，表达好一个观点、认知或方法，就要学演绎法，否则很难做好。其实，日常生活中我们经常不经意地运用演绎法，只是自己不知道而已。

可是，自然而然地用只是浅层次运用，容易出错。只有真正吃透演绎法的本质，知道它的用法，知道怎么用才能减少出错，怎么才能用它得出一个正确的观点、认知或结论，才能更好地用它去思考、论证和表达。

一、演绎法的定义和用处

我经常在课程中说一句话：清晰地定义问题，是解决问题的关键。任何一个名词或概念，想要真正学会、掌握，首先要去定义它。

演绎法的定义是从一般到特殊的推理方法。

要理解何谓演绎法，首先要理解什么叫"一般"。我们平时经常会说几个字——"一般来说"。比如，一般来说，上一个好大学，更容易找到好工作；一般来说，男生的力气比女生的更大；一般来说，职场中只会做不会说的人很吃亏……"一般来说"后面通常会接一个普遍的规律、一个普适的结论、一个大多数人的共识等，如果不具备普遍性，就不能用"一般来说"。

其次，要理解什么是"特殊"。"特殊"不是"搞特殊"的意思，这里的特殊相当于具体，如具体的案例、具体的事情、具体的问题等。

演绎法就是从一个普适理论或规律等出发，通过说明某个具体案例也在其适用范围内，从而得出针对这个具体案例的结论。

演绎法通用的公式：大前提 + 小前提 = 结论。大前提是通用的规律、方法论或共识；小前提是具体的案例。比如，根据"人人都可以从读书中受益"这个大前提和"你是人"这个小前提，得出"你也可以从读书中受益"的结论，这就是最简单的演绎法。

演绎法是一种推理方法，它最核心的价值在于通过大前提与小前提相结合的方式进行推理，得出一个可行的、具有指导性的结论。我们不讨论严格的科学或者哲学意义上的演绎法，只讨论如何在现实应用中通过演绎法得到结论。

总体而言，学习演绎法的具体用处主要有以下 4 个。

第一，在学习方面，演绎法可以帮助我们更好地掌握具体的学习对象，提高学习效率。

第二，在思考方面，演绎法可以帮助我们更好地对一件事形成自己的观点、认知、判断、决策等，提高思考质量。

第三，在实践方面，演绎法可以帮助我们总结出更靠谱的方法论，指导实践得到更好的结果。

第四，在表达方面，演绎法可以帮助我们更有逻辑地表达观点、认知和判断，增强说服力。

演绎法之所以有这样的用处，是因为演绎法不是随便推理，它有一定的必然性和保真性，即只要大前提和小前提都是对的，最终推导出来的结论一定是对的。

二、演绎法的 5 种应用形式

演绎法的应用形式主要有三段论、假言推理和选言推理。其中，假言推理包括充分条件假言推理和必要条件假言推理；选言推理包括相容选言推理和不相容选言推理。

接下来，我们逐一展开讲解。

1. 三段论

完整的三段论分为以下内容：

大前提——已知的一般原理；

小前提——所研究的特殊情况；

结论——根据一般原理，针对特殊情况做出的判断。

在三段论里，小前提的主语通常也是结论的主语。简单来说，三段论的表达方式是，因为 A 是 B，我是 A，所以我是 B。

举例如下。

大前提：知识分子都应该受到尊重。

小前提：人民教师是知识分子。

结论：人民教师应该受到尊重。

三段论如何具体应用呢？

在日常生活或工作中，当我们需要说服某人或表达某个结论时，就可以用三段论。注意，在实际应用时，经常会从一个结论出发，通过三段论的表达方式，结合小前提，即具体案例，去倒推大前提。

比如，我想把直播卖课这件事变得合情合理，首先，要分析我卖课的理由，第一，我要赚钱，通过直播卖课可以赚钱；第二，我不仅卖课，还会讲干货；第三，我认为我的课非常好，这么好的课应该拿出来让更多的人学习。

以上这三个理由就是三个小前提，接下来需要给每一个小前提找一个对应的大前提。

为了让"我要赚钱"这个理由成立，我找到的大前提是，我是搞内容创作的，我所创作的内容也是商品，商品就是用来赚钱的，不赚钱就是对公司和员工不负责；课程是我创作的内容商品之一，通过直播，我销售这类商品，赚钱经营公司，为员工发工资。这样一来，第一个理由的大前提就合理化了，大前提加上小前提，即结论——我可以通过直播卖课赚钱。

"我不仅卖课，还讲干货"这个理由成立的大前提是，所有的交易本质上都是价值交换，我给大家讲干货，大家买课让我赚钱，这就是一种价值交换，同时也是一种双赢。如果我天天只分享干货不卖课，大家都受益了但我没有受益，那么最终肯定无法持续下去。所以我的大前提是，合作可以双赢，只有一方受益的事注定无法长久。结论就是，我不能只讲干货，还应该卖课。

"我的课很好，好课应该多卖"这个理由成立的大前提是，每个人都有喜欢的产品，如达利欧的《原则》或某些日常用品等，要想让更多的人购买这些产品就必须进行广告宣传，这样一来，就可以得出一个共识的大前提：产品销售需要广告。

这样一来，三个理由就都成立了。这就是三段论的用法：一个大前提加上一个小前提，得出一个结论。

我们表达、论证一个结论时，可以先列出几个小前提，然后给每一个小前提匹配一个正确的大前提，最终就能严丝合缝地论证了。

2. 充分条件假言推理

假言推理有两种：一种是充分条件假言推理；另一种是必要条件假言推理。充分条件假言推理有两种：一是小前提肯定大前提的前件，结论就肯定大前提的后件；二是小前提否定大前提的后件，结论就否定大前提的前件。下面我们结合"大前提 + 小前提 = 结论"这个公式进行说明。

　　大前提一般是理由加判断，它的表达方式大多是"如果……那么……"的句式，"如果"后面接的是一个条件，"那么"后面接的是一个判断，如"如果一个数的末位是 0，那么这个数就能被 5 整除""如果一个图形是正方形，那么它的四边相等"。这是常见的大前提的表述方式。

　　小前提主要有两种表达形式：第一种，小前提肯定大前提的条件，结论就肯定大前提的判断；第二种，小前提否定大前提的判断，结论就否定大前提的条件。

　　举个例子，"如果你的工作能力值 2 万元的月薪，那么你一定可以找到月薪 2 万元的工作"这一大前提中，"如果"后面接的"你的工作能力值 2 万元的月薪"，是一个条件；"那么"后面接的"你一定可以找到月薪 2 万元的工作"，是一个判断。这就是一个条件加一个判断，构成了一个大前提。

　　根据该大前提，小前提有以下两种。第一种，小前提肯定大前提的条件，结论肯定大前提的判断。比如，"我的工作能力值 2 万元的月薪，所以我一定可以找到月薪 2 万元的工作。"这句话里"我的工作能力值 2 万元的月薪"，就是"小前提肯定大前提的条件"，得出的结论"我一定可以找到月薪 2 万元的工作"，就肯定了大前提的判断。

　　第二种，小前提否定大前提的判断，结论就否定大前提的条件。比如，"如果我一直没有找到月薪 2 万元的工作，我的工作能力就不值 2 万元的月薪。"这句话里"我一直没有找到月薪 2 万元的工作"，否定了大前提的判断，得出的结论"我的工作能力不值 2 万元的月薪"，就否定了大前提的条件。

想让结论更有说服力，大前提就得不容置疑，再加上小前提推导出的结论，才会非常有说服力。

再举个例子，"如果你的工作能力值 2 万元的月薪，你一定可以找到月薪 2 万元的工作。"根据这个大前提能不能得出"你的工作能力不值 2 万元的月薪，就一定找不到月薪 2 万元的工作。"这样一个判断？答案是不能。因为这里小前提否定的是大前提的条件，但否定不了大前提的结论，即"如果你的工作能力值 2 万元的月薪，那么你一定可以找到月薪 2 万元的工作。"并不能反过来说明"你的工作能力不值 2 万元，就一定找不到月薪 2 万元的工作。"

大前提加上小前提可以推导出一个结论，但如果有人质疑大前提的正确性，怎么办？

很简单，提出大前提时，留出余地。比如，"如果你的工作能力值 2 万元的月薪，你一定可以找到月薪 2 万元的工作，除非你没有认真找。"加上"除非你没有认真找"这一条件，推导出的结论普适度就更高了。比如，"你的工作能力如果值 2 万元的月薪，那么你就一定可以找到月薪 2 万元的工作；如果你还没有找到，没关系，再认真找找，多试几家公司，肯定能找到。"这样的结论就比之前的更严谨。

大前提如果太绝对，比如"如果你的工作能力不值月薪 2 万元，那么你一定找不到月薪 2 万元的工作。"别人很容易因为质疑大前提而质疑结论。

3. 必要条件假言推理

必要条件假言推理的大前提，也是一个条件加一个判断，句式多为"只有……才……"。

这样的大前提如何加上小前提得出结论？也有两种方式：一是小前提肯定大前提的判断，结论肯定大前提的条件，也就是小前提肯定大前提的"才"，结论肯定大前提的"只有"；二是小前提否定大前提的条件，结论就要否定大前提的判断，因为它是必要条件。

举个例子，有人问，为什么学了很多公众号推广运营的方法，涨粉还是很慢？针对该问题，如果要给出一个相对正确的结论，只有两种办法。一种是小前提否定大前提的条件，结论否定大前提的判断。我们可以说，"你的内容差，粉丝量不能自然增长，那么你就没有必要再天天学各种各样的运营方法和手段，先把内容搞好。"

另一种是小前提肯定大前提的判断，结论肯定大前提的条件。我们可以这样表达："所有靠推广和运营方法获得有效成果的公众号，肯定都是内容特别好的。"事实如此，如"一条""得到""帆书"等公众号的推广有效果，是因为他们的内容确实好。这就是小前提肯定了大前提的判断，结论就肯定大前提的条件。

4. 相容选言推理

选言推理又分为相容选言推理和不相容选言推理。相容选言推理的基本原则是，大前提是一个相容的选言判断，小前提否定了其中一个（或一部分）选言支，结论就要肯定剩下的一个选言支。对应的表达句式通常是"或者……或者……"。因为是相容的，所以可以同时成立。

与之相对的不相容选言推理的表达句式通常是"要么……要么……"。

很多人在说话时经常犯一个错误，把本该用相容选言的表达方式用成了不相容选言的表达方式。

比如，"想要升职加薪，要么得到老板的信任，要么提高自己的业绩，要么把自己的硬技能提上去。"这句话的表达方式是"要么……要么……"，是不相容的表达方式，但其实"得到老板信任""提高自己的业绩""提升硬技能"这三点是可以相容的，所以这句话的表达，应该用相容的表达方式，即"或者……或者……"。

接下来，我们具体讲一下相容选言推理应该如何应用，还是运用公式"大前提 + 小前提 = 结论"。大前提是一个相容的选言判断，句式是"或者……或者……"，小前提否定其中一个选言支，结论肯定剩下的。

举个例子，"三段论出现错误，或者是前提不正确，或者是推理不符合规则；如果一个错误的三段论的前提是正确的，那么这个三段论的错误原因就是推理不符合规则。"

相容选言推理通常用来帮助我们建立分析框架，抓主要矛盾。

因为一个结果的出现通常有好几个理由，否定其中若干个，得到肯定的那个，就是主要矛盾。

使用相容选言推理，就相当于找到了一个抓手或者一个核心问题，因为其句式本身就是一个论证方式，能帮助我们建立分析框架，抓住事物的主要矛盾或者解决问题的关键点。

举个例子，要回答"怎么才能做到长期主义"这种有多个答案的问题，就可以用相容选言推理的方式。

比如，列出三个能够做到长期主义的人，从这三个人身上总结出三种帮他们做到长期主义的因素。第一个因素是足够的财富。这个人已经实现财富自由了，充足的资金让他可以长期从事某事，不用担心收益。

第二个因素是到位的认知，即这个人的认知打通了。他之所以能够坚持健身一年，是因为他知道健身可以让他保持健康的体魄。他通过推理、认知，"看见"了实实在在的结果，因此可以长期坚持。

第三个因素是坚定的信念。这个人的信念比较坚定，他坚信只要努力去做，就一定能得到好结果，所以能长期努力，不计较什么时候有结果。

以上是我们找到的能够坚持长期主义的三个因素。接下来，我们逐一进行分析。大部分人尚未实现财富自由，所以第一个因素不具备普适性。而大部分人的信念也不是特别坚定，因为大多数人都是普通人，都必须先看见希望、得到正反馈，才能坚持下去。所以这一个因素也不具有普适性。这样就否定了大前提的其中两个因素。

小前提否定了大前提其中的一个或部分理由，结论就是肯定剩下的理由，所以我们就得出一个结论：大部分人必须靠打通认知来实现长期主义。

这一个例子非常详细地演示了如何用相容选言推理进行表达和论证，建立分析框架，抓住主要矛盾。

再举个例子，假设有人问，他感觉自己的工作能力值月薪 1 万元，但是老板只给他 5000 元，该怎么办？这个问题是个案，是一个具体的事，所以它是小前提。

为了让这个小前提得到一个结论，我们应该根据它找出大前提。经过分析，我们总结出这种情况可能有以下几个原因：

第一个原因，此人高估了自己的工作能力，其实他的工作能力根本不值月薪 1 万元；

第二个原因，老板确实黑心，给他的月薪太低了；

第三个原因，此人的工作能力确实值，但是老板认为他不值；

第四个原因，此人的工作能力确实值，老板也认为他值，但是公司开不起这么高的工资。

以上是这个问题的四个理由。通过认真分析，我们逐一排除其中三个原因，那么剩下的一个就是最后得出的结论。由此可见，相容选言推理一般用在找到问题的关键答案，找到一件事的主要矛盾或找到主要矛盾的主要方面。

　　比如，做 IP、做课程或运营社群，主要有三种增长方式。第一种是基于优质内容做免费增长；第二种是付费投放增长；第三种是口碑增长。这三种增长方式，每一个都有具体适用的群体，我们代入自己的小前提，即我们是哪一种人，也就知道适合用哪种增长方式了。

　　比如，一个资金不是很充足的小团队，不适合付费投放增长；团队里没有足够的人手服务用户，那也不适合做口碑增长。这样一来，最后得出一个结论——一般团队应该做优质内容免费增长。

　　这就是建立分析框架，通过相容选言推理的大前提加小前提得出结论，找到问题的关键。

5. 不相容选言推理

　　不相容选言推理的基本原则是，大前提是个不相容的选言判断，小前提肯定其中的一个选言支，结论则否定其他选言支；小前提否定其中一个或多个选言支，结论则肯定剩下的那个选言支，对应的表达句式是"要么……要么……"。

　　比如，一个词，要么是褒义的，要么是贬义的，要么是中性的。它在具体使用时主要有两种方式：第一种，直接肯定，肯定之后排除其他两个；第二种，用排除法，排除了 1 和 2，当然 3 是对的。

　　不相容选言推理有什么作用？

　　当我们面对"到底应该去大城市、小城市，还是在家乡发展"，或者"到底是打工、创业，还是做自由职业者"等各选项不相容的问题时，就需要用到不相容选言推理进行论证。

我们做决策、判断之所以会纠结，很可能是因为没有找到一个不相容的选言判断。不相容选言判断一旦建立，我们就不会反复纠结了。因为既然是不相容选言判断，一个一个选项进行排除、论证，最后剩下的那个就是结论。

举个例子，我们想吸引高质量的私域粉丝，到底应该做音频课、训练营、社群，还是一对一咨询？用不相容选言判断就是，要么做音频课，要么做训练营，要么做社群，要么做一对一咨询。先分析每一个选项大概需要什么资源、条件、个人能力和团队特质等，再把这些一一代入小前提，也就是自己的现实条件，最后可能会得出做不了音频课，也做不了训练营和社群，只能做一对一咨询的结论。这就是建立分析框架和决策框架，得出一个不相容的判断决策和结论。

还有一种应用场景是，想强调什么，就建立一个不相容的判断框架，把其他选项都排除。

比如写文章时，想强调哪个观点、结论或判断，就建立一个不相容的框架，在这个框架下把其他选项都否定，最终得出想强调的内容。这样的做法会让我们的文章更有说服力。

三、现实中的演绎法

大前提主要有以下三种来源。

第一种，已知的一些原理、认知、规律等。

第二种，多数人的经验共识。

第三种，既没有现成的公式定律，也没有现成的经验共识，而是我们用归纳法总结出来的观点、理论等，或者自己在某个领域某件事上提出的观点和认知方法。这种大前提在现实中用得较多。

比如，关于写新媒体文章，做直播或做品牌营销的方法论；对于升职加薪、经营婚姻、向上社交等问题的观点和认知，我们都有自己的一套理论。它不可能是所有人都认同的原理或科学规律，也可能不是绝大多数人的共识经验，而是我们自己提炼出来的，可能只获得一小部分人的认同。

演绎法是一种保真性的推理，是提高思维逻辑性、严密性非常好的方法，如果想提高自己思维的逻辑性和严密性，一定要多使用演绎法。

演绎法的有效性不在于内容本身，而在于其形式。比如，法律上有一个词叫"程序正义"，是指裁判过程（相对于裁判结果而言）的公平和法律程序（相对于实体结论而言）的正义，它的意思其实与演绎法一样。法律无法永远在最理想的状况下执行。

演绎法也是，演绎法的保真性来源于形式——大前提 + 小前提 = 结论，这个形式保证了结论的严谨性。但现实生活不可能如理论一样严谨，我们无法追求推理结论的大概率保真，不能追求百分之百保真，或者我们追求的是推理过程符合逻辑。

　　因为我们在现实生活中使用的大前提，很多时候只是自己的主观认知或观点，而现实生活和工作中的很多事，比如怎么做好公众号、直播和一门课程，怎么经营家庭、带好孩子等，本来就不存在完美的答案，不能像一个数学公式那样完美地论证。所以，我们本身使用的大前提，或者大概率是对的，或者是我们所相信的。

　　综上所述，一般情况下，我们不可能孤立地使用演绎法和归纳法，基本上都是同时用到二者，根据情况各有侧重。

第四节

归纳法：如何通过归纳法深度思考，高效学习、认知和实践

归纳法是一种思考方法和表达方法，也是一种分析问题、解决问题的方法。

很多知识要么是通过演绎法得到的，要么是通过归纳法得到的。包括日常生活和工作，我们进行思考表达和分析推理时，也会不自觉地进行归纳推理和演绎推理。

我这几年做了很多课程，讲了很多写作的方法、个人成长的方法、时间管理的方法、打造个人 IP 的方法等。这些内容，基本上都是我自己通过归纳法或演绎法，或二者结合总结、提炼出来的。其中归纳法用得更多。既然归纳法这么重要，就让我们更好地理解它的本质，学以致用。

一、归纳法的定义和三种归纳推理的类型

归纳法的定义是从个别到一般的逻辑推理。

比如，我分析了 A、B、C 三个人，发现他们都在 35 岁左后遇到了比较大的事业危机，然后我总结出一个猜想：大部分人在 35 岁左后会遇到职场危机。这个例子中的 A、B、C 都是"个别"，我综合这些"个别"，总结出一般性的规律或结论，这就是从个别到一般进行的逻辑推理，也就是归纳推理。

简言之，就是观察分析多个案例，总结出一个普适猜想。这里得出的为什么是"猜想"呢？是因为归纳推理的结果不一定正确。

我们平时基于自己有限的生活经验得出来的一些观点，大多只是猜想。我们对未知要有敬畏之心，要知道自己很难得到完完全全的真理。

这就是归纳推理，它主要分为三种类型：完全归纳推理、不完全归纳推理和概率推理。

1. 完全归纳推理

完全归纳推理就是，根据某类事物的每一个对象都具有某种属性，推论出这类事物都具有某种属性。其中有一个难点——"每一个对象"。"天下乌鸦一般黑"这个猜想是完全归纳推理吗？不是，因为我们不可能把天下所有的乌鸦都看一遍。

那么，在什么情况下可以用完全归纳推理？比如，欧洲、亚洲、非洲、北美洲、南美洲、大洋洲、南极洲都有矿藏，所以我们得出一个结论：地球上的所有大洲都有矿藏。因为这几个大洲就是地球上所有的大洲，这种情况我们就可以用完全归纳推理。

再比如，我们想提炼出中国 56 个民族的一个共性，也可以用完全归纳推理。因为它的对象有限，且可以对每一个对象都进行验证。但是类似于"所有女性都喜欢做什么事""所有男性都有什么样的性格"等观点，就不能用完全归纳推理得出，因为无法验证每一个对象。

所以，使用完全归纳推理必须保证该领域的对象数量是有限的，且可以把每一个对象都验证一遍。

2. 不完全归纳推理

当要考察的事物数量极多甚至无限时，就要用不完全归纳推理，即根据某类事物部分对象都具有某种属性，推论出该类事物都具有这种属性。它包括简单枚举归纳推理和科学归纳推理两种。

（1）简单枚举归纳推理

在一类事物中，根据已观察到的部分对象都具有某种属性，并且没有任何反例，从而推导出该类事物都具有该种属性的结论，就是简单枚举归纳推理。

比如，我总结大部分 35 岁职场人有什么共同点时，没必要把世界上每一个 35 岁的人都验证一遍，只要找到 10 个、20 个、30 个具有代表性的人作为样本，总结他们身上的共性，就可以得出一个相对合理的结论。

我们平时得出来的很多观点，其实都是用简单枚举归纳推理出来的，即讲出观点，再举几个比较典型的案例来论证。

这里我想强调一点：在使用归纳推理，尤其是不完全归纳推理时，不必求得绝对真理，只求得到的猜想基本正确就可以。这一点非常重要。

比如"人很难出淤泥而不染，也很难见贤不思齐"或者"只要追热点，阅读量就会有所提升"，这些结论都很容易举出反例，而按照科学的推理来说，只要能举出反例，那么这个结论就不成立。

既然如此，为什么平时我们写文章、说话表达时，还是会这样说？因为我们不必追求绝对真理。

我们在人生中做选择、做决策时，用认知指导自己的行为，只要想法、观点或认知等基本正确，得到的结果大概率是好的，就够了。当它们与现实不匹配，无法再指导实践时，就要进行调整，然后得出新的想法、观点或认知。

虽然理论和现实总会有区别，但还是要保证理论基本符合现实，不能诡辩。如果别人很容易就能找到很多反例，那么我们就犯了以偏概全的错误。

在现实生活中，有一些人在表达观点、提出认知时，会故意以偏概全，以此引起话题讨论，获得流量。所以，我们一定要学会辩证思考，要学会质疑，要学会论证。

这个世界上并不是所有人都在追求真理，很多时候很多人都是在追求利益。一个人说出来的话，大多数情况下都是在服务自己的利益，而不是在服务这个世界的真理。

（2）科学归纳推理

科学归纳推理，是根据某类事物中部分对象与某种属性之间因果联系的分析，推出该类事物具有某种属性的推理。换句话说，就是简单枚举归纳推理加上科学因果关系。

比如，你问我现在做公众号还有没有机会做起来，或者红利期过了还能做公众号吗？我会告诉你一个结论：真正能做好内容的人永远不担心红利期已过，只要有好内容，一定能够不断涨粉，把账号做起来。我给出这个结论时，可以先举三个例子作为正面案例，再解释因果关系：群众的眼睛是雪亮的，用户在互联网上进行阅读是一个自由筛选行为，当他发现了质量更好的公众号，就可能取消关注一些质量不好的账号；经过多次选择，用户会不断淘汰质量差的账号，关注质量好的账号。

最终的结论就是，虽然红利期过去了，但是只要你提供的内容比同领域大部分账号更好，用户就会逐渐淘汰那些不好的账号转而关注你。在一个充分竞争的市场里，你的竞争优势会把用户吸引过去，我们发展不是靠用户红利，而是靠内容红利。

这就是科学归纳推理，既举了例子，又把内在的因果关系说明白了，这样推理得出的猜想的可信度就会更高。为什么得到的也是猜想？因为每一个结果都是由多个原因共同造成的，无法完全验证。

3. 概率推理

关于概率推理，在《西方文化中的数学》一书中有一段话："不用说关于我们未来的事情，甚至从当下起的一小时后，也均无任何肯定的东西存在。一分钟后，我们脚下的地面可能就会裂开，但是，宣称这种可能性吓唬不了我们，因为我们知道，出现这种情况的概率极小。"

也就是说，一件事可能发生，也可能不发生，我们如何行动，取决于这件事发生的概率。刚才这段话里说到，一分钟后我们脚下地面可能就会裂开，这可能吗？有可能，但可能性或许是万分之一、千万分之一。就好像开车可能会遇到车祸，但是车祸的概率可能是万分之一，那么我还是会选择开车；或者说出门有可能会摔倒，但是摔倒的可能性是万分之一，那么我还是会选择出门，因为此类可怕事件的发生概率非常低。

在日常生活中，很多事情我们都不能追求绝对，只需要基于常识和经验有一个大概判断就可以了。在这个过程中，其实我们就是不自觉地在使用概率推理。

假设你的朋友要去创业，他想开一家餐厅，你对他说："从现在的市场环境来看，你开餐厅可能会赔本。"这句话其实也在不自觉地使用概率推理。

我们要警惕一种情况，就是当我们对某件事没有充分的了解，就可能会错误预估概率，这种情况经常出现。

所以，如果我们真的对某个领域非常熟悉，见过大量的样本，那么可以"随口"得出一个相对靠谱的概率推理；但是如果对某个领域比较陌生，就千万不要这样做，否则很容易陷入高估概率或者低估概率这种错误的推理方式。

二、如何使用归纳法

1. 使用归纳法的两个基本步骤

要讲具体怎么使用归纳法，我们要先回到它的定义：观察分析多个案例，总结出一个普适猜想。基于这个定义，在使用归纳法的时候我们可以分成两步进行：第一步，筛选出多个优质案例，同时做一些简单猜想；第二步，针对这些案例做观察分析，得出相对普适的猜想。

很多时候，归纳推理是先产生一个猜想，再把这个猜想验证出来。比如，我们想知道公众号转载什么样的文章，它的阅读量会更高。

这时，我们可以先做一个猜想，然后筛选出多个优质案例，进行归纳推理，去验证猜想是否正确；或者先筛选出多个优质案例，再做一些简单的猜想。

针对这两种方式，我建议先进行简单猜想。因为如果没有方向，推理的效率比较低且缺少针对性。

2. 使用归纳法分析的五种方法

我们用归纳法观察分析案例样本，可以根据穆勒五法进行，即求同法、求异法、并用法、共变法和剩余法。

第一种，求同法。

所谓求同法，就是总结共同点。假设一共有 5 个结果一致的案例或现象，观察它们的共同点，找到其中的相同要素或特点。

比如我们在转载文章时，先得出一个猜想：假设某个公众号发了一篇文章，阅读量是该账号的其他文章的 2 倍以上，那么转载后的阅读量通常也会很好。

按照这样的猜想进行转载，确实可能有好的结果，也可能遭遇失败。

如果我们用求同法，即先假设在原账号上阅读量是平时 2 倍的文章值得转发，再去看看其他账号转载这篇文章的阅读量，以提高我们猜想的正确率。

比如"洞见"的一篇文章是平时其他文章阅读量的 2 倍，为了保险起见，我又找了另外 5 个转载过这篇文章的账号，去看该篇文章在每个账号上的阅读量，如果数据都很好，就可以得出一个结论，我们转载的阅读数据应该也会很好。

如果我们找了 5 个转载账号，其中 2 个数据很好，3 个数据不好，就可以得出一个结论：我们转载的阅读数据有可能也不好。想验证这个可能性，我可以进一步增加对比的账号数量。

第二种，求异法。

简单来说，求异法就是通过对比被研究对象之间的区别，找出哪个因素影响了最后的结果。

比如，为什么有些知识 IP 发展得越来越好，有些知识 IP 发展得却越来越差？为了得出结论，我们可以使用求异法推理。

找一部分越做越好的 IP，再找一部分越做越差的 IP，对比分析，找出他们的区别，然后发现做得差的人一直在消耗现在的粉丝、影响力等，即消耗存量，做得好的那些人则在消耗存量的同时还在努力获取新的用户，即获取增量。

求同法是通过找出共同点，得出是哪一个共同因素导致了共同的结果；求异法是通过分析已有案例找出它们的不同点，以此确认是哪个不同点导致了不同的结果。

第三种，并用法。

既用求同法，也用求异法，就叫并用法。

比如，在写作上，我有一个方法叫"借势热点传播非热点干货，可以翻倍提升阅读量"，这是我过去写公众号文章非常重要的一个方法论，这个方法就是用并用法推理得出的。

我写过一篇文章，核心观点就是"放下面子赚钱，是成年人最大的体面"，或者"年轻人一定不能不爱钱，不爱钱你就赚不到钱"。这是一篇非热点干货文章，在我几十万粉丝的公众号上发出来只获得了几万阅读量。

2020 年 4 月 1 日，罗永浩在抖音平台上直播首秀，我把这篇干货嫁接到这个热点上，包装了一下开头，整体的核心内容没有变，重新发布后获得了 100 多万阅读量。我并没有重新写一篇文章追这个热点，只是把曾经可能与热点相关的文章找出来，把标题和开头进行结合，就得到了之前几十倍的阅读量。

我有很多这样的案例。比如，我写过一篇自己在北京摆地摊的文章《211大学毕业，在北京摆地摊一个月赚2万块钱》。这样一篇文章，当时发出来也只有几万的阅读量。后来有一天，官方发布了一个信息，出现一个热搜新闻："国家支持地摊经济"，我马上将这篇文章拿出来结合热点重新发布，阅读量很快就突破了10万。

这就叫并用法，先用求同法，再用求异法。

绝大部分直接发出来的非热点干货文章阅读量都不高，绝大部分借热点重新发布的干货文章阅读量都特别高，这都是求同法。二者对比，就找出了一个明显的差异点：是否结合热点对文章的阅读量影响很大，这是求异法。

第四种，共变法。

简言之，共变法就是一个改变，另一个随之改变。比如，产品越稀缺，价格越高，这就叫共变。

我过去写了很多人物稿，得出一个结论，写人物稿尽可能写能量大的人物，人物的能量越大，阅读量就越高。

这个结论是怎么总结出来的？首先，确定不变量。在这个案例中，我的写作能力倾向于作为一个不变量。然后逐一分析各个变量，并找到其中的核心。最后发现，原来我写的人物稿的阅读量，很多时候取决于对方是不是一个能量大的人物。

有一阵子，写俞敏洪和董宇辉的文章阅读量很高，因为他们在那段时间里能量最大，吸引了大家的注意力。所以我常对学员说，写人物稿的时候，不要只写你喜欢的人物，也不要只写新鲜的人物，而要问自己，这个人物有没有足够多的智慧、足够多的能量，是否值得一写。

第五种，剩余法。

我们找到了多个案例，总结出一些结论，但是其中有一个案例不符合这些结论，那个不符合的案例很可能帮助我们发现一个新结论，这叫剩余法。

比如，我们在做一件事时，先按照求同法得出一个结论，认为只要继续这样做，就应该能继续得出相应的结果；但实际情况可能是，我们在第五次做的时候，没有得出预期的好结果，那么我们就应该分析这一次的做法与其他几次有什么不同。

还是以前面提到的转载文章为例。假设前面四次按照我们得出的规律进行转发都成功了，第五次却没成功，那么就要看看第五次到底哪一点与前面四次不一样。

如果失败的这次与前面几次唯一的不同点，就是转载时间不一样。这样我就通过归纳推理得出一个新结论，即在转载文章时，一定要注意时间变量，如果是跨周期转载，那么很可能之前的判断方法就不适用。

当然，新得出来的结论是否正确，还需要实践不断验证。

以上就是使用归纳法分析的五种方法。

最后，我再讲一下使用归纳法非常重要的一点——要见多识广。

我经常和大家说，你做一件事，如果没有足够的数量，就无法谈质量。量变引起质变，实践的量和学习的量都要够，只有见得更多，学得更多，做得更多，在使用归纳推理时，才更能得出准确的结论。

另外一个核心是，在任何一件事情上，不管用求同法、求异法、并用法、共变法还是剩余法，都只能得到这件事情中一个要素的相关结论。

实际上，一件事是一个系统，要做好整个系统，就要复杂归因。但我们每一次进行归纳推理，都只能推理该系统中的一个要素，即单一归因。

比如前文所说的文章追热点阅读量会更高，写能量更大的人物阅读量会更高等，这都不是写出一篇好文章这个系统的全部因素，只是其中的部分因素。

只有通过大量的学习和实践，才能针对系统中尽可能多的要素都进行归纳推理，从而得出更好的做法和更全面的认知，最终才能越做越好，成为高手。

第五节

拆分法：如何通过拆分法深度思考，高效学习、认知和实践

一、为什么要学习拆分法

万事万物皆可拆分，一旦拆分，就易懂易做。这是因为上文我们已经说过，一件事情或一个事物就是一个系统，想更好地认知就必须把它拆成多个要素逐一进行了解。比如关于如何打造个人 IP，大部分人都无法思考得特别到位，因为没有把这个系统拆成一个一个的点去逐一认知。

另外，如果我们有一个很大的目标，要实现这个目标，就必须进行拆解，把大目标变成小目标，然后逐一实现这些小目标。比如，我今年计划减肥 20 斤，无法直接实现，只能把这 20 斤进行拆解，拆成每个月减两斤，每两周减一斤，然后具体落实到每天需要创造多少热量缺口等。把一个大的目标，拆解到每天做一点儿，就可以完成最终的目标。

这件事的底层逻辑是我们无法直接解决大问题，只能解决小问

题。大问题的解决是我们的目标，而将其拆成小问题是解决的手段。一个一个地解决小问题，最后就能解决大问题。

第一，拆分是为了更好地认识事物。我们之所以将一本书分成不同的章节，就是为了更好地理解它。

我们无法直接解决一个宏观的问题，所以要对它进行拆分，拆分是为了更好地解决。比如，我们很难直接学写作，但我们可以很容易地学会拟标题、找选题、写开头和设计结构等。在学习这条路上，不管学什么，我们都是一点一点地学，最后对整体形成认知。

第二，拆分是为了更容易地达成目标。

假设我想一年涨粉 10 万，我必须将这个目标拆解为每个月、每天涨多少粉丝。然后分析数据，看多少阅读量可以转化新增多少粉丝，计算要达到每天的涨粉目标，文章的阅读量要达到多少，以及一个月要写多少篇这样的文章等。经过这样的拆分，努力的方向会更明确，也更容易达成目标。

二、什么时候需要用到拆分法

1. 遇到不好理解的事物时

当我们在生活、工作、学习中遇到很难理解的事物时，就可以用拆分法对它进行拆解。一般来说，复杂的东西往往不好理解，那么我们就把它拆分得简单一点儿；抽象的东西往往不好理解，那么我们就把它拆分得具体一点儿。只要我们做好拆分，复杂的事物就会变得比较容易理解。

比如，人生幸福是个抽象的话题，无法直接理解它，那么我们就要拆解它，把它拆解成更具体的概念，如家庭幸福、事业有成、身体健康等。

2. 遇到不好解决的问题时

你想解决公司营收增长的问题，但这个问题很难解决，因为它过于宏观。因此，可以把它拆解成产品问题、转化问题、流量问题等，然后逐一拆分、解决每一个细分问题。

一定要学会拆分问题，直到找到问题的核心因素和解决办法为止。

三、拆分法的具体使用步骤

1. 整体感知

首先，对要拆解的事物有一个整体感知，在这个基础上才能正确拆解。

一个从来没有认真了解过直播，也没有看过很多直播的人，一定无法正确地拆解直播这件事，因为他对其没有整体感知。

我们在拆解一件事之前，必须对它有整体感知，还得有多次、大量的整体感知。假设要拆解直播这件事，首先应该看上几十场直播，直到对其有一个整体的感知。同样地，如果学滑板，也应该先整体感知，要多看各种滑板的比赛和教学视频等。

2. 拆解分析

拆解分析，就是在整体感知的基础上去解构某个事物，了解其框架和构成要素。比如想研究新媒体写作，可以分解获得整体感知的具体路径，发现其中包含的步骤和元素等。

比如我们首先是被文章的标题和封面图吸引了，那么在进行拆分的时候，就可以把标题和封面图拆分为一个独立的元素，研究标题和封面图吸引读者的技巧。

接下来，点进一篇文章，首先看的是开头，就可以把开头变成一个构成要素专门研究；看完开头后，看文章的整体结构，就会发现小标题也是需要研究的一个要素；然后是配图、案例等。几乎每一个写作环节都是一个要素。

3. 检查确认

拆解分析后，要确认自己有没有把整个系统拆解到位，所有要素是不是都拆解出来了，有没有重合的或遗漏的。

在检查确认时，有一个目标——相互独立，完全穷尽。相互独立，就是拆分出来的要素之间没有重叠的部分；完全穷尽，就是除了拆分出来的这些要素，再没有其他。

比如拆解公司增长出现问题这件事，拆分出三个原因，即产品、流量、转化。其实，这三个要素只做到了相互独立，并没有做到完全穷尽。因为可能还有其他影响因素，只不过它们可能不重要，真正关键的要素就这三个。

可见，"相互独立，完全穷尽"这个目标，我们要尽可能保证，但不一定必须完全做到。

比如在"普通人的系统逆袭课"这门课里，我给大家总结了 20 个普通人经营人生的典型问题，如选择和努力、习惯和自律、打工和创业、痛苦和焦虑等。但是影响人生的底层问题只有这 20 个吗？当然还有别的，如婚姻问题、社交问题、人际关系问题等，它们都很重要，但不是核心问题，因此没必要完全穷尽。

4. 多种拆解

有一个很有名的增长模型叫"AARRR 模型"，其包括用户获取（Acquisition）、用户激活（Activation）、用户留存（Retention）、用户收益（Revenue）和用户自传播（Referral）等。

上文分析的公司营收增长问题，就可以用这个模型来拆解。但这并不是唯一的拆解方式。除了这种方式，公司营收增长的问题还可以拆解成业务问题、团队问题、管理问题等。

具体来说，公司营收增长有可能是业务问题，应该开拓新业务；有可能是团队问题，应该重新筛选团队成员；也有可能是管理问题，目标没有好好管理，资源没有合理分配，就应该调整管理方法。所以，公司营收增长的问题，可以用业务—管理—团队这个模型来拆解。

除此之外，还有一个拆解方法——从行业和用户层面来拆解问题。也许整个行业都在走下坡路，用户有了新的选择等。

从这个例子可以看出，针对同一个问题，我们可能有多种拆解方法。到底应该用哪一种拆解方法可以从以下两个角度思考。

第一个角度，已经有了一个基本预设，可以根据这个预设去选择相应的模型。

比如预设是流量或者转化出了问题，就可能选择产品—流量—转化模型；预设这是一个行业问题，就选择行业—用户模型；预设是团队出了问题，就可以选择业务—团队—管理模型。综上所述，如果我们在第一步整体感知时已经有了一个基本预设，就可以根据这个预设直接选择一种模型来拆解。

第二个角度，如果想更好地解决问题，就必须使用多种拆解方法得到不同的答案，综合这些答案，从而更好地解决问题。

以上两种角度，可以选择其中一种，也可以二者结合。

5. 继续拆解

继续拆解的过程，就是不断把大问题拆解成小问题的过程。拆解得越细，问题就越好解决。

四、拆分法在具体方向上的应用

1. 拆分法在思考上的应用

拆分法在思考上的应用，主要体现在养成框架思考、定位问题的习惯。

比如某一天的直播销售转化率很低，如果我们掌握了拆分法，就能马上形成一个框架，把这个问题分解成场观、点赞量、评论区的活跃度、主播的状态等多个维度，然后逐一定位具体问题。如果发现销售额低是因为主播昨天晚上没睡好，直播状态不佳，那么我们就会知道，下次直播前一定要好好休息，保证直播状态。

2. 拆分法在学习上的应用

拆分法在学习上的应用，主要体现在养成单点学习、各个击破的习惯。

比如学写作，并不是在学习写作这整件事情，而是学习其中的一个一个单项能力，如做选题的能力、写标题的能力、写开头的能力等。单点突破，学习效率才高。

3. 拆分法在实践中的应用

拆分法在实践中的应用也很简单，就是八个字：专项练习，改进练习。

比如直播的核心问题是表达，就专项练习表达能力，改进表达方式；如果核心问题是不自信，就专项解决不自信的问题；如果核心问题是不知道怎么互动，就专项练习互动。针对这些核心问题逐一做好练习和改进，就会取得进步。

我们在前文讲过，从新手到高手，在实践方面，就是从低水平实践进阶到高水平实践。而在实践的过程中，要想提升得更快，就要对每一个单点进行专项练习和改进练习，每一个单点都提升了，整体就会形成高水平的实践。

　　总而言之，万事万物皆可拆分，拆分就是为了更好地认识事物、更容易地解决问题。

第六节

综合法：如何通过综合法深度思考，高效学习、认知和实践

综合法是对于认识事物、分析事情、做判断和决策，以及进行实践，都非常有价值的一种思考方法。

在我们的日常生活和工作中经常会用到类似下面这样的表达，"整体来看，这个房子还是不错的""综合来看，这个员工还是很有潜力的""整体来看，这篇文章阅读量虽然高，但是不适合我们账号""整体来看，你这份工作虽然工资高，但是不算一个好选择"，或者"先别着急下结论，你再整体看看""先别急于这样说，你再综合看看""你这个说法也许对，但是你得再综合看看"……

这些都是综合法的具体表达方式。综合法是我们日常生活工作中非常常见的一种思考分析方法。高效的学习、认知和实践就是从自然而然地应用这种常见的方法，转变为刻意地应用。

一、用系统整体视角看问题，而非局部单点视角

比如，有的作者在给文章起标题时，有一个标准：打开率高的标题就是好标题。这其实就犯了"局部单点视角"的错误，因为一个标题产生的影响很多，提高打开率只是其中一个，它还会影响转发分享，这在上文已有详细介绍，此处不再赘述。

从这一点看，一个标题其实就是一个小系统，这个小系统属于一个大系统，即这篇文章，而这篇文章属于另一个更大的系统，即你的公众号，而你的公众号又属于一个更大的系统，即你的个人 IP。

从这个角度讲，一个标题如果能提升打开率和转发分享率，那么它对于"一篇文章"这个系统来说就是一个好标题，但是对整个公众号来说，不一定就是好的。

比如，一个讲个人成长的账号总是追社会负面新闻的热点，文章的打开率肯定高，如果内容再把读者的情绪调动起来，转发分享率也会比较高，但是这种类型的文章不符合账号的定位和调性，对于公众号未来的发展未必是好事。所以，我们就得出标题对账号定位和调性也有影响的结论。

往更大了说，一个好标题还得能够提升 IP 的美誉度，如果做不到，至少不能损害这个 IP 的美誉度。

这样的过程，就是用系统整体视角看问题。

要用系统整体视角，而非单点局部视角看问题，背后有两个逻辑：因果逻辑和系统逻辑。

首先，因果逻辑。关于因果逻辑，有一句话很重要——任何因果关系都是复杂的。这句话可以从两个角度理解：第一，每一个因都会导致多个果；第二，每一个果都不止一个因。既然因果关系都是复杂的，那么我们在认识事物、分析事物的时候，就不能局部分析或单点分析，而应从系统整体出发进行分析。

我们平时在做分析和决策的时候，应该逼自己去思考：从想要结果一倒推出了我要做 A 事，而我做了 A 事后，除了得到结果一，会不会得到结果二、结果三？这个结果二和结果三是好结果还是不好的结果？如果是不好的，能不能避免？

比如我为了提高文章的打开率和阅读率，所以取了一个低俗的标题，那么这个标题与我公众号的定位、调性有没有冲突？会不会损害我这个 IP 的形象？

再比如，我们想赚 200 万元，决定通过做知识产品或运营社群来达成目标。实际做了社群后，很快招募了 1000 人，赚到了 200 万元，但是我们的分析不能就此结束。我们还要提醒自己，一旦做了某件事，就一定会产生多种结果，这些结果是不是都可以接受？比如做社群虽然钱赚得很快，但是要服务大家一整年，而且这一整年里基本无法做其他事。

这里的核心意思是，当你想要一个东西时，不要在你倒推出了要做什么之后就停止于此，你要继续往下想。实际上，你做任何一件事情，都一定会得到很多不同层面的结果，而你要把多种结果当中最重要的几个都分析一下。

再比如，找一份工作不能只看每个月的工资，还要分析它有没有产生其他结果——经常加班、出差，或产生焦虑情绪、压力倍增等。要接受这份工作，就要接受它产生的种种结果。

综上所述，我们做任何一件事都应该从因果逻辑出发，整体系统地进行分析。

其次，系统逻辑。任何一个系统都是复杂的。每一个大系统里都有若干子系统，同样地，任何一个子系统都可能同时属于若干个大系统。

比如买房是一个系统，在这个系统里我们要考虑的因素有很多，价格、舒适性、地理位置等。但是从另外一个角度看，买房这件事可能从属于不同的、更大的系统里，如人生幸福系统、财富积累系统、自我价值实现系统等。

因此，要更全面、更完善地分析买房这件事，就要从多个角度去看，它是一个复杂的系统，如果单一、局部地去看，就可能一叶障目。

我们用系统整体的视角而非局部单点的视角看待问题，是为了思考得更全面。

假设一个知识 IP 要决定接下来的主营业务到底是音频课、训练营、社群，还是一对一咨询，就要对各个系统进行拆解。在做这种分析时，很多人会因为对系统的拆解不够，或者因为对因果关系的理解不到位，而做出错误的决策。比如，只看到社群是按年收费的，却忽略了社群要提供的服务。

因此，我们在做决策分析时，要不停地问自己思考得是否全面。

这就是综合法的第一大要点——为了全面思考，要用系统整体视角看问题，而非局部单点视角。其背后有两个逻辑：一个是因果逻辑；另一个是系统逻辑。

二、用多重论证进行总结，而非单一论证进行总结

上文说了，"用系统整体视角看问题，而非局部单点视角"，目的是全面思考；而下文要说的"用多重论证进行总结，而非单一论证进行总结"，目的是严谨论证。

比如，有一天，我的公众号的头条文章本来准备结合当时一个热点事件，发布一篇题为《当代女生自我保护指南》的文章，但我进行了多重论证后，建议他们不要发。

那篇文章的相关热点，排在微博热搜榜的第五名左右，该热搜话题下只有第一条微博的点赞量、转发量和评论数是过万的，其他的微博都只有一两百。

我们内容组的编辑之所以会选那篇文章，是因为它与热搜榜前几名的热点相关。有很多人关注，就算是个热点，他们的这种判断就是单一论证总结。但经过我的多重论证才知道，虽然它在微博上是热搜榜前几名，但它不是一个大热点。

大家追热点，往往希望追一个影响面更大的热点，这样它的潜在阅读量才会更高，但是我经过论证，认为这不是一个大热点：第一，我把这个热点复制到公众号上去搜索，结果发现基本上没有其他账号在追；第二，我复制这个热搜到朋友圈用关键词搜索，发现朋友圈里并没有人在讨论这件事；第三，我又到抖音上去搜了搜，发现抖音上讲这件事的也不多，就算有相关内容的视频，播放量、点赞量、评论量也不高。

这里，我采用的就是多重论证总结，不仅看微博，还看公众号、朋友圈、抖音、知乎等，如果这个热点在这几个平台上都很火，就说明值得去追；如果都不火，那么大概率不值得追。这是以追热点为例，解释了具体如何使用多重论证总结的方式提高论证的严格性，从而得出更加可靠的判断、分析和决策。

除了上面的例子，多重论证总结在很多地方都能运用。

假设你是一个知识 IP，积累了 5 万粉丝，其中有 2 万是私域流量，于是你准备变现。你考虑到底是做音频课、训练营、社群还是一对一咨询，或是 4 种都做，但是你不能只问了我一个人就马上做决策，不然就是单一论证进行总结。

所有重要的分析、判断和决策，都要多重论证总结。你至少应该咨询三四个人，再综合他们的建议得出结论，这样的结论才更可靠。

我们平时一定要养成多重论证的习惯，争取得出更严谨的结论。

三、平时我们如何刻意应用综合法

综合法的应用其实很简单，就是要养成一个习惯，在平时做分析判断决策时，要问自己三个问题，考察自己是否全面思考。

· 我思考得够全面吗？

· 我是否过度关注某个点了？

· 我是否忽略了某些重点？

同时，还要问自己三个问题，考察自己是否严谨论证。

· 我的论证是否太单一了？

· 还有没有其他证据来源？

· 要不要再多进行几重论证？

每次做出重大决策前，我们都要通过这两组问题进行把关，用综合法帮助自己更好、更全面地做分析、判断、决策。

最后再强调一点，我讲的这些方法都是普适的方法，即便你没有刻意学习，平时其实也会自然而然地用，而且很管用，只是效率比较低，也更容易出错。

如果能够更系统、更全面、更本质地理解和运用这些方法，就能提高思考效率，提升决策的正确率。

第七节

矛盾论：如何通过矛盾论深度思考，高效学习、认知和实践

简单来说，矛盾论就是对立统一的发展观。

我们最开始学习矛盾论的时候，经常会听到一个词叫"形而上学"。形而上学与矛盾论有什么区别？

首先，形而上学是孤立、片面地看事物和问题；矛盾论是普遍、联系地看事物和问题。矛盾论讲究事物的联系性，不会孤立地看待任何一个事物，认为各种事物之间都有一定的联系。

其次，形而上学是静止地看问题，矛盾论是用发展的眼光看问题。比如"莫欺少年穷"，就是用发展的眼光看问题，不能只看某人现在的状态，还要看他若干年后会是什么样。比如，我们不能以现在的写作水平来评判自己若干年后的写作水平，也不能以现在的工资水平来看待自己若干年后的工资水平，应该用发展的眼光看问题。

最后，形而上学是外因论，它侧重于根据外因分析问题，或者通过外部矛盾定义问题；而矛盾论是内因论，它认为内部矛盾才是

问题的核心。

这就是形而上学和矛盾论的主要区别。

下面我们着重分析如何更好地运用矛盾论来指导我们认识问题、分析问题、解决问题。

一、内部矛盾和外部矛盾

所有的矛盾都可以分为内部矛盾和外部矛盾。

内部矛盾提醒我们，永远要坚持用内因论分析和解决问题。具体来讲，我们在找问题的原因时，不应该只看到外因，要学会从自身找问题。

当我们不能升职加薪时，如果更多地从公司方面找问题，如领导不善于用人、公司的制度有问题、晋升机制不明确、绩效考核设计不合理等，就是用外因论看问题。

而真正要解决问题，要从内因下手，即从自己身上找原因，我们不妨将自己设定为人才市场上的一个产品。产品的价格总是围绕价值上下浮动，我们作为一个产品，价格即月薪是多少，绝大部分取决于我们本身的价值，而不是由老板单方面决定的。

我在"个人爆发式成长的 25 种思维"课程里讲过一句话："你学得了别人的勤奋，但学不了别人的动机。"

比如很多人觉得我非常努力、非常勤奋，他也想这样努力和勤奋，认为这样做就能取得和我一样的结果。

这里其实有两个要注意的地方：一方面，他并不知道我的动机，有可能我应该这样做，但他不应该这样做；另一方面，动机是变化的内在动力，想改变自己，不能单纯地从外部模仿别人的努力形式，因为外因不决定事物的本质，只有当外因转化成内因时，才会真正起作用。

在矛盾论里，内部矛盾是事物发展的根本原因，外部矛盾是第二位的，外因通过内因起作用。

看到这里，你可能有一个疑问，比如自己学习写作可能学不进去，但是来到写作训练营之后，为什么就能学下去了？这其实是因为有了外部监督，从自律变为他律和群律，有了良好的学习氛围和学习环境，还有同行者的压力。

于是，你可能会问：这到底是外因还是内因？其实二者是相互作用的。我们强调要多找外部环境、外部推动力、外部监督来帮助我们达成目标，实际上是为了将积极、正向的外部力量转化为内部动力。

无论训练营中的成员多么努力地学习，营造了多么积极的学习环境和学习氛围，只要你的内心无动于衷，那么这些外因再有力，也对你不起作用。只有当你被这种环境和氛围感染，发自内心地想要更努力时，这些外因才会对你起作用，才会让你的行为产生改变。

我们每一期训练营中都会有一小部分人不好好学习，同样的外部环境、外部压力和外部氛围，这些人并没有被感染，没有把外因转化为内因，所以外因对他们就不起作用。

永远要记住一点，任何问题的核心都在于内部矛盾。外部矛盾只能通过内部矛盾起作用，也就是说，如果你自己不想改变，谁都无法改变你。

二、主要矛盾和次要矛盾

任何一个矛盾都有主要矛盾和次要矛盾，我们解决问题就要抓住重点，解决主要矛盾。然而在现实工作和生活中，很多人经常会忘记这一点。

比如做新媒体的人都明白一个道理：追一个发酵非常快的大热点，最重要的就是把握时间。既然如此，那么一篇文章宁可舍弃排版和配图，也得尽快把它发出去。因为在追热点事件上，主要矛盾就是"快"。

但很多人在实际工作中不是这样做的。比如，有一天，我们要追某个热点，大概中午 12 点，头条文章就已经准备好了。我就问内容组的同事准备什么时候发布，结果副主编问我，第二条、第三条还没有准备好，可不可以只发头条？我就反问，为什么明知道要追热点，还不提前准备好第二条、第三条的内容呢？

在这件事上，他们没有做好不是因为这件事难做，根本原因还是认知不到位，没有从根本上理解"快"是主要矛盾。如果是我负责这个账号的运营，提前知道中午 12 点要追热点，那么我一定会在上午就提前把第二条和第三条准备好，因为是第二条、第三条跟着头条的节奏来，而不是头条跟着它们的节奏来。

任何事情都有主要矛盾和次要矛盾，一定要在认知上清楚主要矛盾的重要性。虽然我们一再强调追热点最重要的就是快，但编辑还是会把时间浪费在一些细枝末节上，这就说明他们并没有抓住主要矛盾。

如果一个人在认知上没有真正认同主要矛盾的重要性，那么他就不会竭尽全力解决主要矛盾。如果把精力和时间都放在次要矛盾上，就很难取得大的进步，因为主要矛盾、关键问题没有解决。

再比如，很多夫妻有了孩子后，婚姻中的问题大大增多了，其实就是因为生孩子这个外因触发了家庭的主要矛盾。

我们一定要理解，人生的每一个阶段都会有该阶段的主要矛盾；在任何一个关系里，都会有决定关系好与坏的主要矛盾；在任何一件事情上，也肯定有影响这件事情的结果的主要矛盾。

假设我们要做一个自媒体账号，要想获取几十万粉丝，这件事的主要矛盾就是能不能提供好内容。在这件事上不要有侥幸心理，如果内容不好，那么你学再多的运营技巧都没用，因为主要矛盾、核心问题没有解决。

因此，要想做好一个公众号，你应该把时间都花在做好内容上，一分钟都不要浪费在无关紧要的事情上。

三、矛盾的普遍性

任何事物都有矛盾，任何事情都不止一面，矛盾的普遍性让我们学会辩证地看问题。有正就有反，有输就有赢，有攻就有守，有进就有退，有作用就有反作用，有丑就有美，有矮就有高，矛盾是普遍存在的。

举个例子，找工作时想进大型企业，但不能只盯着大型企业的好处，因为根据矛盾论，有好处就一定有坏处。

做任何一件事不能只看它带来的好处，还要想想它的另一面是什么。

再比如，买房时，我们想的肯定是买房之后有哪些好处，但是在得到这些好处的同时，还应该想着怎么避免买房带来的坏处，如现金流紧张、长期贷款压力大、未来的不可控性等。同时想到了矛盾的两个方面，才有可能做好决策。

反过来说，当我们遇到一些不好的事情时，也永远要提醒自己，它一定也有好的一面。

假设你在一个很小的创业公司工作，而你的同学、朋友很多都在知名企业工作，他们的升职空间很大，要做的事情很多，能够得到更大的平台背书等，你可能因此觉得自己不如他们。但如果你明白矛盾的普遍性，明白任何事物都有矛盾，你就会提醒自己，事情不止一面，小公司也有小公司的好处。比如，有更多的机会接触核心业务，从而增强自己的综合能力，以后有机会负责一个项目时，你可能会做得更好，等等。

如果明白事情不止一面，那么我们就更容易发现并利用事物的优势，同时规避事物的劣势。

四、矛盾的特殊性

任何事物的矛盾都有其特殊性。矛盾的特殊性教会我们，具体问题具体分析。比如，我有一套关于追热点人物写作的普遍法则，上次用它追了一个热点人物，结果很成功。再次使用这套法则时，就应该提醒自己，具体问题具体分析，绝对不会有一模一样的热点人物，因此不能完全套用上次的方式。

不同事物的区别是由事物的特殊矛盾决定的。我们做任何事情，哪怕是同一类型的事情，也要具体分析它们的特殊矛盾，采取有针对性的措施。

我们比较不同的人，比较不同的事也是这样。我的直播和其他老师的直播相比有一个特殊性——别人直播主要是卖课，我直播主要是讲课。那别人就不能用评判其他老师直播的标准来评判我的直播。

一定要记住，具体问题具体分析，找到事物的特殊矛盾，才能真正理解并解决问题。我们分析事物时，除了按照这类事物的共性去分析，还要着重找到每一个具体事物的个性。

假设我们要学习知识主播怎么做直播，就要了解知识主播做直播的共性，然后在此基础上发现优秀知识主播的个性，再有针对性地学习、理解，并发展出自己的风格。

五、矛盾的对立统一性

矛盾的对立统一是指矛盾有两个方面，这两个方面既有同一性，也有斗争性。

同一性是指每个矛盾的两个方面都以对方的存在为前提，它们共同存在一个统一体中，两个方面根据一定的条件会互相转化。

比如选择和努力就是一个矛盾的两个方面，"选择"存在的前提是"努力"，"努力"存在的前提是"选择"。没有选择，就是盲目努力；没有努力，就无从选择。二者是互相依存的，只谈其中一个没有意义，只有以另一个为基础来讨论才有意义，这就是矛盾的同一性。

根据矛盾的同一性，矛盾的两个方面在一定条件下会互相转化。任何事物，有优势就一定有劣势，有劣势也一定有优势。这个世界上不存在只有优势没有劣势或只有劣势没有优势的事物。

比如金钱很重要也很宝贵，但很多时候也会转化为劣势，带来各种问题。

每一个人都有幸福和痛苦，不管其出身、地位、财富状况如何。

矛盾的对立统一性决定了一个人不可能只有幸福而没有痛苦，反之亦然。所有事物都有矛盾的两个方面，两个方面共同存在于一个统一体。

除了同一性，矛盾还有斗争性。这指的是事物的统一是有条件的、暂时的、相对的，斗争是绝对的、无条件的。

比如，公众号接广告可以有广告收入，但同时意味着会造成用户损伤，不接广告可能就没有这种损伤，口碑更好，但也意味着缺少收入。这就是矛盾的斗争性，斗争性是绝对的、无条件的。

六、矛盾是发展的

矛盾是发展的，所以我们要用发展的眼光看问题。

在矛盾发展的过程中，外部矛盾会转化成内部矛盾，内部矛盾也有可能变成另外一个层次的矛盾的外部矛盾；主要矛盾可能会变成次要矛盾，次要矛盾也可能慢慢上升为主要矛盾。

比如在创业时，赚钱和发展是主要矛盾，存钱和稳健是次要矛盾；赚到足够多的钱后，存钱和稳健就变成了主要矛盾，赚钱和发展可能成了次要矛盾。

矛盾有两面，然而在矛盾的发展过程中，这两面也是互相变化的。比如我们租房时，会站在租户的角度思考，认为房租太高；有一天我们成了房东，就会站在房东的角度思考，认为租金还可以涨一点儿。

我们在发展的过程中，优势会不断地转化成劣势，劣势也会不断地转化成优势。简单来说就是一句话，永远不要用静止的眼光看问题，因为矛盾是发展的，任何事情都是一直在变化的。

第五章

从新手到顶尖高手的三阶心法

不管是学写作、演讲、直播、运营、销售，还是健身、游泳，我们在任何一件事情上的进步，都可以分为 3 个阶段：从新手到上手、从普通到优秀、从优秀到卓越。

第一阶段是从新手到上手，即完成从 0 分到 60 分的跨越。

第二阶段是从普通到优秀，即从 60 分到 80 分的成长。然而，大部分人都无法完成从 60 分到 80 分的跨越，大多停留在 70 分左右。也就是说，大部分人都是普通水平、一般水平，没有达到优秀水平。

第三阶段是从优秀到卓越，即从 80 分到 99 分的突破。对于很多这一阶段的人来说，优秀是一个瓶颈，很难继续提升变成顶尖高手。如果你能完成从 80 分到 99 分的跨越，你就会开始进入二八法则的正向循环，资源、机会都会向你聚集，你会越来越好。

第一节

从 0 分到 60 分：为什么新手阶段最难熬，也最幸福

一、为什么新手阶段最难熬，也最幸福

矛盾的两个方面是对立统一、互相转化的，最难熬的点和最幸福的点就是新手阶段矛盾的两个方面。

1. 为什么新手阶段最难熬

第一，认知上没有积累，需要大量补课。刚开始学习一项技能或知识的时候，我们基本没有什么认知，所以需要大量补课。

比如，写作"小白"跟我学写作，他就会觉得很难熬，因为他对写作这件事基本没有积累，可能唯一的积累就是上学时写作文的经历。那么他很可能在写作的每个技能点上都比较差，无论做选题，搭框架，搜索素材，写标题、金句、开头、结尾，还是排版、配图都不会。写作熟手一般只需要攻克自己的某几个弱点就可以了，但他作为"小白"，要攻克的点太多，整个人手忙脚乱，觉得什么都要学，怎么学都不够。

第二，实践上没有经验，需要大量练习。作为写作"小白"，因为过去没有任何经验，所以需要大量练习，可是又因为什么都不会，所以练习也无从下手。

比如，写文章应该先搜索素材，但是他连搜索素材的技巧都不知道；或者他写得慢是因为不会搭建框架，但是他连有哪些基本的框架模板都不知道。总而言之，这一步的难就在于，因为没有实践经验，所以会抗拒实践，没有勇气踏出第一步。

第三，没有成绩，长期得不到反馈。因为是新手，所以一开始做不出大成绩，需要忍受漫长的等待过程。

比如写作，可能你听课时很兴奋，但是一开始写就发现不是那么回事，写起来太痛苦了；好不容易写完了，你觉得写得挺好的，结果给助教老师一看，助教老师找出一堆问题；你按照老师的建议修改完，觉得挺不错了，拿去投稿，却石沉大海……

对新手来说，拿到好结果需要经历漫长的等待过程，但是很多人扛不过这个漫长的等待期。

2. 为什么新手阶段又最幸福

新手阶段虽然最难熬，但也是最幸福的。根据矛盾论，痛苦在哪里，幸福也就在哪里。

第一，因为没有经验，所以收获感强。

绝大多数没有学过新媒体写作的人，第一次听写作课，常常感到收获满满。这是因为过去没有经验，所以收获感很强。

每个人都是从新手阶段过来的。我虽然在新媒体写作方面经验丰富，但在刚开始健身时，教练教了我做仰卧起坐的方法，我才发现原来过去 20 年里，我做仰卧起坐的姿势都是错的。当时我也感到收获满满。

在任何一个没有太多了解、没有专门研究的领域，只要学到了有用的知识，就会觉得认知得到了升级。因此，每次学到新认知，尤其是颠覆性认知，这种收获感都会非常强烈。

第二，因为起点低，所以进步明显。

很多时候新手在学习阶段觉得幸福，是因为进步非常明显。高手则相反，即使每天学习也感受不到自己有明显的进步，因此幸福感较低。

就像专业的乒乓球运动员虽然每天都会练习打乒乓球，但是他肯定不会每天都有进步。而从来没打过打乒乓球的人刚学会打球，肯定感觉自己进步巨大，因为起点太低。

第三，因为从未拥有，所以容易满足。

写作"小白"参加写作训练营，哪怕只是被一个粉丝量很少的公众号发表文章，文章阅读量只有 2000，稿费只有 300 元，他也会觉得特别开心。因为他过去在这件事上从未拥有成就，所以特别容易满足。这是一件好事，是一个正反馈，这种满足会带来持续前进的动力。

第四，因为处在愚昧之谷，所以渴望希望之巅。

我在农村长大，小时候没有互联网，家里最开始连电视也没有。

后来上了高中，我经常去网吧看各种创业者的故事，认为如果我努力学习，考上北京的大学，我也能在那里闯出一番天地，光宗耀祖。

那时候其实我就是处在愚昧之谷，没有见识，也没有知识，更没有什么思考，所以特别容易产生幻想，总觉得毕业后肯定能轻轻松松升职加薪，走上人生巅峰。

一旦走入社会或者在一件事上经历过挫折，就不太可能对自己有那么大的期望了，开始认清并接受了自己就是个普通人。

当然，处于愚昧之谷的新手有这样的幸福感也不是坏事，因为希望是最美好的。通常来说，一个人对一件事产生的最美好的希望，通常出现在刚接触这件事的时候。

我刚接触滑板的时候，拼了命地一天练 8 小时，因为我觉得有一天我可以参加奥运会的滑板项目，成为划时代的人物。

每次我接触一个新事物，跃跃欲试的时候，都会产生这种强烈的幸福感和美好的希望。虽然后面会接受现实，但至少最开始时有幸福感，有一个想要为之努力的事物。

健身行业里有一个行话，叫"新手福利期"，意思就是健身新手本来胳膊上没有肌肉，只要随便练一练，就能练出一点儿肌肉来。其他领域也是一样，新手本来一无所知，只要稍微一努力，就能感受到明显的进步。总而言之，当我们还没有拥有某个东西、还在努力争取的时候，每天都很有收获感，每天都充满了希望。

另外还有一个词叫"新手膨胀期"，意思就是有的人因为对"新手福利"这件事的认知不到位，所以很容易膨胀。

这是一种傻傻的幸福，属于新手的幸福。

二、如何更快地、更成功地度过新手阶段

很多人做一件事还没有度过新手阶段就直接放弃了，所以我们接下来要讲讲怎么更快地、更成功地度过新手期。

1. 以快为快地学习

新手阶段刚开始不要磨磨唧唧、慢吞吞地学，也不需要学得太精细化、太执着于细节，应该是快速地学习一整套优质的认知方法，同时大量阅读浏览相关内容。这里包括了两个方面。

首先，快速学习一整套优质的认知方法。

你要学写作，可以加入我的写作社群，先把写作音频课快速听一遍，这个阶段不要一天听一节或者一个星期只听两三节，把战线拉得太长不容易度过新手期，很可能还没有过新手期你就放弃了。所以，你要快速地把这一套写作方法都听完。

学其他技能也是一样的道理，无论你是健身、学吉他、学游泳，还是学其他技能，都要先找到一套优质的认知方法，从头到尾完整、快速地学一遍。

其次，大量浏览相关内容。

除了要快速学习一整套优质的认知方法，还要大量浏览相关内容。你要学习做直播，就大量去阅读一些讲怎么做直播的干货文章、

政策解读、市场分析等。这个阶段要快速、大量地读，不要一篇一篇、仔仔细细地读。

处在新手阶段的人，过去的认知几乎为零，没有积累，所以需要在短时间内建立基本认知，了解基本操作，以及掌握基本思考框架，并形成初步判断。

因为如果一两个月过去了，还迟迟没有建立最基本的认知，没有了解最基本的操作，也没有形成一个初步的思考框架和判断，就很容易在新手阶段放弃。

新手阶段不是只有幸福的点，还有难熬的点，如果没有借着那点儿幸福感快速度过第一阶段，就很容易因为那些难熬而直接放弃。

这是第一点，以快为快地学习。之所以要以快为快地学习，是因为认知指导实践，实践之前必须先有认知，而且是快速获取认知，在最短的时间内建立基本认知和基本了解。我们在前文讲过，通往高手之路的其中一条线就是从低阶认知到高阶认知。所以我们最开始先要快速建立一个低阶认知，这样才会有一个基础，而以快为快地学习就是快速建立低阶认知的最好方法。

另外，当我们处在第一阶段，正是对这件事有极大认知热情的时候，会如饥似渴地吸收这方面的知识和技能，所以要趁着最有学习热情的时候，快速汲取一些知识营养。

2. 尽快融入圈子

除了以快为快地学习，这一阶段还要尽快融入圈子，只要真正融入相关的圈子，就不会那么容易放弃，学任何知识和技能都是这样。

比如，独自练习公路自行车，一定特别容易放弃。我在北京时完成了一次 105 公里的山路骑行，其实骑完前面十几公里我就崩溃了，后面的 90 多公里我都是靠意志力坚持下来的。

我之所以能靠意志力坚持下来，有一个很重要的前提——我是跟十几个人一起骑行的。大家相互鼓励，相互帮助，我才能坚持下来。说实话，如果当时不是跟着队友，我一定会放弃，因为太痛苦了。

一个人做一件困难的事情，如果没有同伴，没人交流，没人互相打气，没有人作为外部压力存在，就会特别容易放弃。学吉他如此，学写作或者学做直播，都是如此。

尽快融入圈子是度过新手阶段的一个非常重要的方法。想学写作，就在网上找一个写作社群或写作训练营；你想开始读书，就找一个靠谱的读书会，跟大家一起阅读。

我们常把与我们一起度过新手阶段的人称为"战友"。因为这个阶段太难了，就跟打仗一样，我们不能一个人去"打仗"，必须有"战友"共同"战斗"，这样才不容易放弃。在学习的过程中，我们要避免孤独，要让自己在这条路上有人交流、有人探讨，在我们取得一点儿小成绩的时候，有人鼓掌。

在我们的写作训练营里，经常会进行一些优秀作业评比。即便你的作业得到"优"这样一个小小的成绩，在训练营里都有人为你鼓掌，我们还会做一张海报发给你，让你在得到鼓励后更容易坚持下去。

如果在学做一件困难的事的路上，没有这样的陪伴和鼓励，那么我们就很容易放弃。

此外，还有非常重要的一点，当我们融入圈子后，会更容易链接到四个级别的可信之人，这在前文中已有详细论述。

3. 尽快实践，尽多实践

想要更快地度过新手阶段，一定要尽快、尽多地实践。大多数人在新手阶段，还没开始真正实践就已经放弃了。

比如，有的人只是听了几节写作课，看了几本写作的书，还没有写出第一篇文章就已经放弃了。再比如学做短视频，有的人还没来得及拍上短视频就已经放弃了。这些人之所以从来没有开始实践，是因为他恐惧开始，抗拒开始，所以只是学课程、看文章、看别人做，一直没有开始实践。

如果想快速地度过新手期，一定要尽快实践、尽多实践，而为了尽快实践、尽多实践，我们要能接受"烂开始"。

对此，我们要有一个非常明确的认知，即再怎么准备，再怎么学习课程和方法论，刚开始实践的时候也会做得很差。我们不会因为学了半年写作课，就能一下子写出好文章，做任何事都是这样。

我们在前面也讲过，最高级的认知方法都是经过实践检验的，而因为我们刚开始没有认知，所以要先学别人的认知，然后经过自己的实践把别人的认知优化成自己的，再指导自己的实践。所以，一定要尽早实践。

还是那句话，"烂开始"才是正常的，一开始做就能做得很好的人寥寥无几，所以一定不要追求完美。

想要尽快实践、尽多实践，还要有一些具体目标和具体任务。比如，加入一个相关组织和一群人一起实践，或者找一个相关的工作等。如果这些都做不到，至少要给自己规划一些具体、明确的实践目标和任务。

比如学写作，听完我的写作课之后，要赶紧给自己布置一些写作任务。先不用想长远的目标和任务，就从今天开始，每天写上 300 字。

4. 拥抱微小正反馈

刚开始做一件事，基本不可能得到大的正反馈，所以我们要学会拥抱微小正反馈。

比如写作，一开始的反馈，不是写出一篇爆款文章，甚至不是写出一篇完整的公众号长文，而是今天学会了两个拟标题的技巧，用它们把以前写的标题改得更好，或者浏览别人的公众号，用这两个技巧给出优化建议。

即便这样非常小的正反馈，也是非常重要的。我们要主动去拥抱这些微小正反馈，看到自己的微小进步，才不容易放弃。

三、为什么很多人没有度过新手阶段

这部分我们再反向论证一下，为什么有些人在做一件事的时候，没有度过新手阶段就放弃了。以下是我总结的四点原因。

1. 直接开始做，但没有学习相应的方法论

有的人想学写作，就直接开始写文章了，但他没有意识到自己应该先了解一下别人是怎么做的。基于认知指导实践的原则，没有认知直接实践肯定是不对的，我们应该先快速学习一套优质的方法论再加上大量的了解，然后开始实践。

什么都没学，实践得不到好结果，也是轻易放弃的原因。

2. 一直在学习认知方法，但从未开始做

这种人一直在学习，一直沉浸在认知升级的愉悦感中，却一直在逃避练习，抗拒实干。他觉得自己虽然没有在写文章，但是每天都在听写作课，每天都在学习写作的方法论，实际上，就是以学习为借口逃避实践。

3. 没有加入圈子，没有结交同伴、与人同行

还有一些人不喜欢和别人一起学习，所以没有加入圈子，不愿意结交同伴，也从来没有给自己找一个更有助于学习和行动的环境，一直是独自一个人学习。因为没有同伴同行，新手阶段的痛苦就只能自己承担、自己消化，这会让人更加容易放弃。

4. 目标定得太高

如果一个新手把目标定得太高，就会容易放弃。这是因为没有达成目标就会痛苦，或者一跟别人比较就觉得差距太大，自信心遭到打击，就很容易放弃。

第二节

从 60 分到 80 分：为什么大部分人无法从普通到优秀

先讲两个事实：第一，各行各业中、各种技能上，大部分人都只是普通水平，只有少数人是优秀的；第二，大部分普通水平的人，再过两三年还是普通水平，并不会随着时间的推移变得优秀。

当然，能做到普通水平也不错了，毕竟很多人连新手期都熬不过去。但问题是，为什么大部分人会停在普通水平，无法做到优秀呢？我总结了三个方面的原因，分别是内部原因、外部原因、让外因成立的内因。

一、内部原因

我们在前文讲过矛盾论，根据矛盾论，在分析和解决任何问题时，我们要重视内因，因为内部矛盾是核心，凡事要先从内部找原因。

从新手做到高手，我们需要解决三件事：从低阶认知上升到高阶认知、从低水平实践上升到高水平实践、从浅层思考上升到深度思考。从这三件事中，就能找到核心的内部原因。

1. 认知

在新手到高手的第二阶段，也就是从 60 分到 80 分的阶段，大部分人都会丧失学习热情和认知热情，他们不再持续读书、听课、看文章、分析案例。

比如学写作，在新手阶段时，我们的学习热情高涨，每天学习都感觉进步很大，每听完一节写作课，都觉得深受启发，这是新手期的福利。

但是到了从 60 分到 80 分的阶段，新手期的福利已经没有了，相比刚开始，学习热情一定降低了很多，这也很合理。因为到了该阶段，该学的内容都学得差不多了，已经基本有了一套核心方法论，也了解了基本操作，建立了初步的思考框架和分析判断框架，继续学习，进步就很慢了，愉悦感和成就感也就没有之前那么多了。

这里有一个问题，我们在讲新手到高手的进阶路线图时提到过，持续学习应该是贯穿始终的。现实却是，我们只保证了在新手期大量、高密度的学习，一旦过了这个阶段，很多人就不怎么学习了，这就是问题所在。

认知指导实践，有什么样的认知，就会有什么样的实践。如果过了新手期就不再特别努力地学习，那么认知就会进入一种稳定甚至停滞状态。在这种情况下，实践自然不会有大的突破。

所以，想从普通继续成长到优秀，首先要明确一个认知：即使学习热情降低了，也要逼着自己像曾经一无所知的时候那样学习，最开始怎么学，现在还要怎么学；以前每天学两小时，现在还要每天学两小时。

要耐得住寂寞，不怕学习的枯燥。学习本身是非常枯燥的，尤其过了新手阶段，要学得更细。这时候不再是框架式学习，也不是用新鲜感维持的学习，而是对抗枯燥的学习，只有这样，才有机会从普通到优秀。

2. 实践

在实践上，大部分人到了这个阶段也会出问题。从新手到上手的阶段，我们不停地实践，最开始无从下手，后面则可以根据经验做得有模有样。然而人都有惰性，觉得既然能应付了，就算不努力做得更好，也够用了，从而失去进步的动力。

在这种情况下，我们会犯一个很严重的错误：我们会依据经验和习惯做事，而非改进练习，刻意优化。每天都在吃老本，不愿意再去用心学习和实践了。

然而从普通向优秀进阶的过程中，在实践上最重要的一点叫"改进练习、刻意优化"，意思是每一次实践，都是为了改进练习，为了优化提升。

比如，过去你不会打篮球，不会三步上篮，你去刻意练习，哪个地方做得不对，你会改；但是等有一天你练得差不多了，觉得自己已经掌握了三步上篮这个动作，就不会再改进练习、刻意优化了。你会按照已经学会的样子持续做，现在是什么样的做法，一年之后还是什么样的做法。

写文章也是。你能够从开头到结尾完整写出一篇文章，认为自己能应付这件事了，能应付老板的要求，也能对用户有一个交付，你就不愿意再在写每一篇文章的时候改进练习、刻意优化，不会想着怎么能够把标题、开头打磨得更好。

我们不愿意再去刻意练习的核心原因就是觉得自己已经能应付，已经能做到 70 分了。然而，如果我们希望自己在一件事上能够从普通变成优秀，就要时刻提醒自己：当我的实力能够应付的时候，不要停下来，要继续改进练习、刻意优化提升，要追求每一次的进步，一点点弥补自己的劣势和不足，这样才有机会从普通变成优秀。

3. 思考

从新手到高手的第二阶段，我们在思考上会出现的问题是丧失好奇心。

刚开始学习一项技能或知识时，我们是比较有好奇心的。就像在人生的整个阶段，小时候的好奇心是最强的。小孩会打破砂锅问到底，而满足这种好奇心会让他们迅速成长。

很多人刚开始学习写作的时候，好奇心也很强。他想知道有的人能够写出阅读量破 10 万的文章，自己为什么写不出来；也想知道有的人每次都能很好地结合热点写作，为什么自己做不到。而到了第二阶段，随着知识量的增加，好奇心逐渐减少，很多人会进入一种不愿意深入思考的状态。

我们可以想一下，我们有多久没有认真深入思考过一个问题了。我是教写作的、教打造个人 IP 的、教个人成长的，如果我很久没有认真深入思考，就只能一直吃老本，我所有的输出，所有与别人的沟通，所有指导实践所用的认知，都是陈旧的。没有了深入思考，也就没有了新的认知。

如果想在一件事上从普通变得优秀，就不能让自己在思考上失去好奇心，不能接受自己不深入思考，不能每天对什么都见怪不怪、理所当然。

你要思考：从来如此便对吗？大家都这样，我就该这样吗？这件事就那么理所当然吗？它的本质是什么？天天挂在嘴边的这些概念，我对他们有清晰的定义吗？

如果我们不接受模棱两可，不接受理所当然，就会每天保持思考上的好奇心和对问题的深入思考，就会一直有进步。

二、外部原因

1. 环境决定论，水平平均化

你是什么样的水平，很多时候与你周围的人是什么水平有极大的关系。人很难逃脱周围人对自己的平均化，因为我们的思想、观念、认知、追求的各种东西，都不是凭空产生的，而是与周围的人共振而形成的。只有极少数人能够屏蔽所在环境和周围人群对自己的影响。

很多时候，我们无法从普通到优秀，是因为环境对我们的塑造和其他人对我们的平均化。你也可以想一下，你现在在哪家公司，做什么工作，有没有被目前这个环境影响，有没有被你的同事们平均化？

假设你从事销售工作，你有没有某种程度上被你们公司的文化、价值观和氛围影响，有没有被同事的整体水平平均化，你是不是越来越靠近他们，越来越像他们？

如果你所在的岗位上，大家都是普通水平，你慢慢也就接受了普通水平。这也意味着你在什么样的群体里，大概就是一个什么样的水平。同部门的四个人，水平通常差不多，即便有一个人水平稍微高一点儿，也不会高特别多。

我过去几年之所以进步这么大，很大程度上是因为我有意识地努力逃避环境对我的影响，努力避免周围人对我的同化，我希望成为一个完全自主的人，独立规划自己的成长和目标，有自己的追求，不被其他人平均化。

如果你想变得更优秀，那么你也要有这种思维，不要被身边的人同化，也不要被环境束缚，你要知道这只是你生命中的一站，或者职业生涯的一站，你要远远超过身边所有的人。

2. 客观不需要优秀，普通就够用

我们很难在一件事上从普通做到优秀，很可能是因为客观上不需要变得优秀，它不是刚需，只要普普通通，够用就好。

我们做所有的事情，都是因为需求。如果不需要把英语作为日常工作和生活沟通的语言，就很难学好英语，除非工作需要或者在母语是英语的国家求学、工作、生活，我们才有可能真的把英语学好。

很多时候，我们无法在一件事上从普通做到优秀，很可能是因为我们所处的环境不需要我们做到优秀。

为什么我做新媒体编辑的时候进步很快？因为我当时加入的公司是行业翘楚，我需要变得更优秀，否则无法胜任工作。如果我之后要跳槽到更好的公司，就需要我有更大的进步。

需求决定一切，没有人会在不需要优秀的事情上费尽力气做到很优秀。从这个角度讲，如果我们想变优秀，就应该选择一个要求更高的环境。因此，我们要经常想一想，所在的公司、所从事的工作需不需要我们变得优秀。如果我们不满足于现状，想变得更优秀，就应该努力去一个需要我们变得更优秀的地方。

三、让外因成立的内因

我们在矛盾论那节讲过，外因要通过内因起作用，外因之所以能有所作用，是因为有相关的内因存在。

前面我们讲的第一个外因是"环境决定论，水平平均化"，那为

什么有些人可以不被环境决定，不被身边的人平均化？第二个外因是"客观不需要，普通就够用"，那为什么有的人业余健身，最后练成了专业水平？

事实上，外因起不起作用，还得看内因配不配合。让以上两个外因成立的内因，是大多数人本身没有野心和目标，没有更高的追求，没有变优秀的强烈动机，自己本身可以接受普通。只有当这个内因存在，两个外因才成立。如果本身就是野心勃勃，想要越来越优秀的人，以上两个外因就会不起作用。

比如我在农村长大，在身边的人都考不上大学的情况下，我竟然考上了北京的一所"211"大学。

我创业做公众号不需要做那么成功，能做到 10 万、20 万粉丝，一个月能赚 5 万元、10 万元就应该很开心了。但我不接受这样的状态，我就要做到行业领先水平，所以我就把公众号做成了职场领域的前 10 名，拥有百万粉丝。

因为我在这些事情上有更高的追求，我有更大的野心和目标，我有更强烈的动机，我不接受普通，所以以上两个外部原因在我身上就不成立。

如果你是一个没有更大野心和目标的人，你就不可能在某些事情上做到优秀。

比如你现在在一个三线城市，做着一份普通的工作，月薪 5000元，如果你真心接受这样的生活，我觉得也特别好，因为你自洽了，你愿意接受自己很平凡，愿意接受过平凡的生活，那么你就无须改变。反过来，如果你内心还是渴望改变，渴望从普通到优秀，要怎么才能让自己有更大的野心和更高的目标呢？怎么才能让自己变得更有追求、更有能力和动机呢？

答案也很简单，强迫自己改变，刻意改变，为了改变而改变。外因对内因有影响，所以，为了改变内因，你可以先强迫自己改变外因。

比如，你本来在一个三四线城市的小公司工作，现在强迫自己"北漂"，这就是改变了外因。你刻意进入一个更广阔的世界，一个竞争压力更大的地方。在这里，你会接触到更多优秀的人，慢慢地，你的内因一定也会发生变化，你会开始有更多、更大的目标。这种外部环境的改变，会让你变得更有追求。

或者，你在一家普通的小公司工作，大家都是普通水平，你为了改变，努力进入行业头部的公司。一旦接触到更有压力的环境，你的内因也会随之改变。

或者，你主动进入一些更优秀的圈子和社群，结交更多优秀的朋友，平时耳濡目染，也有可能改变内因。

一个人的野心是被慢慢放大的，一个人的追求也是被慢慢提高的，但前提是你必须刻意改变，强迫自己改变，为了改变而改变。

综上所述，为了改变内因，可以先强迫自己改变外因，通过外因逐步改变内因，慢慢地，你就不会受"环境决定论，水平平均化"

或者"客观不需要，普通就够用"的外因影响了。因为你的内因已经改变了，变成了一个有追求、有野心的人，有了更远大的目标，有了改变的动力。

第三节

从 80 分到 99 分：极少数从优秀到卓越的人都经历了什么

如果我们有幸比大多数人强，在一个领域里做到了优秀，做到了 80 分，那么我们要继续想一下有没有机会做到卓越，有没有机会成为顶尖高手，成为千里挑一、万里挑一的人？

成为万里挑一的人很苦、很难，但是回报极大。一旦成为顶尖高手，不管在哪个领域，收入都会有指数级的增长。

比如在写作领域，如果你只是一个写作高手，那么你可能一个月赚 2 万元，但如果你是顶尖高手，那么一年赚几百万其实并不是特别困难。

任何一个行业都是这样，能吃多大苦，就能得到多少回报。

一、从优秀到卓越的人，都经历了什么

一个人如果能做到卓越，一定与只是把一件事做到普通或优秀的人不一样。我总结了把一件事从 80 分做到 99 分，从优秀到卓越

的人的四大特点。

1. 必须是职业的，而非业余的

这看起来像是一句废话，但也是一个提醒：想成为某个方面的顶尖高手，必须将其作为职业。

前文我们已经分析过，职业选手无论在练习数量还是质量上，都大大超越业余选手，在此不再赘述。

2. 练习总量巨大，非常人可及

2022 年上半年谷爱凌爆火，她在北京冬奥会拿到金牌后成了顶流，随便发一个短视频都有几十万上百万的点赞。你可能觉得她才十几岁，能取得这样的成绩一定是靠天赋，不需要很大的练习量。但是你不能忽视一件事：她 3 岁就开始进行专门的滑雪训练了，哪怕她只有 18 岁，实际上也已经在这件事上训练 15 年了。这种巨大的练习量，非常人能及。

同样地，如果想在写作上成为一个顶尖高手，你要先问问自己，什么时候能写上三五百万字，而且是认真地写。我从 2015 年写作至今，基本上能保证每年写 100 万字，也就是说，我的写作量已经在千万字的级别，而且不是日常瞎写，是有质量地写了 1000 万字。

尽管在写作这件事上，我可能还不算是顶尖高手，但是在新媒体写作上我应该算是一个顶尖高手。我写过千万级的爆款文章，我能仅靠写作把自己的公众号从 0 做到 100 万粉丝。

在这种情况下，我都经历了什么？首先，我的练习总量是很多人无法企及的，这是大多数人在短时间内无法跨越的一个巨大的壁垒。你今天开始学习写作、练习写作，也很难跨越我的练习总量这座大山。我已经写了 1000 万字，你哪怕一天写 1 万字、每天都写，也得写 1000 天，才能有这样的练习量。

这也是为什么顶尖高手基本上都是职业选手，因为只有职业选手才有大量的时间投入。

我是职业的写作者。刚开始干这一行的一两年里，几乎每天上班的 8 小时，再加下班后的几小时，我不是在写作，就是在研究怎么写作。只有大量的时间投入才能保证练习总量，练习总量有了保证，才有可能成为顶尖高手。很少有一位顶尖的写作高手，是没写过几篇文章的；也很难有一位篮球高手，是没有练习多长时间的。

我去年开始接触直播的时候，一开始就给自己做了一个连续直播 100 天的计划，而且一天没有落下地完成了。因为我自己非常清楚，要成为高手首先就要保证练习总量，因此有些人可能比我更早开始做直播，但是不如我做得好，因为我在短时间内快速地跨越了练习总量这一关。

3. 保持实战，磨炼真功夫

如果没有实战，只有日常的练习，那么我们永远不可能成为顶尖高手，永远不可能做到卓越。当我们说一个人在某个领域是顶尖高手，达到了卓越水平，我们一定说的是他的实战水平非常高，而不是说他的练习水平非常高。实战水平只能通过实战提升，有的人写日记写了 5 年，但是他的新媒体写作能力、写书的能力、写课的能力，可能连及格都达不到，因为他缺乏实战。

写出一篇稿子，拿去投稿，看能否发表；试着找一份新媒体编辑的工作，看能否找到；写一篇文章发在公众号上，看是否有人看、有多少人看，这都叫实战。如果没有保持长时间的实战，就不可能有真功夫，最多是纸上谈兵。

4. 积累周期够长，起码三五年

一个人几乎不可能只用了一年或半年的时间就在某个领域里成为顶尖高手。如果我们想在一个领域里成为卓越的顶尖高手，就必须有一个基本的认知：想成为顶尖高手，起码要积累 3 ~ 5 年。

抖音平台上有一个我比较喜欢的主播，他是一个非常厉害的汽车类博主，在这个领域他至少已经积累了十几年。我还在上大学时就听说过他玩车非常厉害，所以，他在抖音上"火"起来了。

很多人看起来是"一夜爆火"，实际上他在自己的领域里已经积累了很多年。他以前就是年薪百万的名师，演讲能力、即兴表达能力和反应能力等直播所需要的能力，他早就已经磨炼好了，只是需要稍微适应一下直播这种新形式而已。

我也经常对一些在不同领域换来换去的人说："你这样干下去，不可能有什么出息，可能到最后会一事无成，因为无论哪个领域，都需要长时间的积累。"

任何事情想要做好都需要时间的浇灌，把更多的时间浇灌在同一件事上，种子才能破土而出，最终长成参天大树。

二、从优秀做到卓越，需要哪几点

1. 从事相关工作

如果我们想在新媒体写作上成为顶尖高手，或者想在直播上成为顶尖高手，就得从事相关工作。

只有把这件事作为主业，才能保证一天干 8 ~ 10 小时，保证练习量和练习时长，这一点前文已反复讲过，不再赘述。

基于这个逻辑，我们这一生不可能在很多领域都成为顶尖高手，所以，我们不必事事追求卓越，也做不到。

这其实与我在"成为时间管理高手"的课程里的观点是一致的：在很多事情上追求完美、追求卓越，是在浪费时间和精力，是不必做的。

我们在任何一个领域想做到顶级高手，都要投入大量的时间和精力。我们在一个阶段只能在一件事上做到卓越，但是只要能做到，它的回报足以让我们过上非常好的生活。

2. 长期专一，以天为单位精进，以年为单位迭代

我们想成为顶尖高手，成为卓越的人，首先必须保证长期的进步，给自己至少 3 ~ 5 年的时间去成长。

其次，要保证专一。也就是说，在未来的 3 ~ 5 年甚至更长时间里，将自己的时间和注意力只聚焦在这一件事上。

　　另外，我们还要以天为单位精进，每天都要求自己再进一步。

　　除了以天为单位精进，还有一个要求，即以年为单位迭代。也就是说，今年的我们在这件事上一定要比去年的自己厉害 20%。很多人在一件事上经常是今年和去年没什么区别，如果这样持续下去，很有可能即使做上 10 年，也无法成为顶尖高手。

　　要想从优秀到卓越，就要让自己保持长期专一，以天为单位精进，以年为单位迭代。

3. 要熬过痛苦练习的阶段

　　这样的阶段是非常痛苦的、非常需要意志力的。我们想成为顶尖高手，想做到卓越，就必须进行大量的改进练习，不能靠惯性推进。

　　所谓惯性推进，就是自然而然地根据过去积累的经验和常识做事。反过来，所谓改进练习，就是每一次练习都做出了改进，每一次都有具体的改进目标，也有科学的方法，有对比、有复盘、有提升。

　　而在改进练习的这条路上，我们会经历很多痛苦的阶段，如果熬过去了，可能就上升了一个台阶，如果放弃了，这个阶段就可能成为一个不可逾越的瓶颈。

　　如果做一件事很轻松、很舒服，千万不要高兴，因为这说明我们在用已有的经验做熟悉的事情，只做到普通水平，因此必然不会有进步。只有不断地用新学的方法去做不那么熟悉的事情、不断地努力做得更好的时候，才会有明显的进步，而这种时候注定是非常痛苦的。所以在成长的路上，我们要学会拥抱痛苦、接受痛苦，想成为顶尖高手，就要对抗惯性，要刻意地做改进练习。

4. 不断升级"战场"，"打大仗"才能"出大将"

假设我们在一家公司工作，已经胜任了当前的岗位，如果这家公司不能为我们提供更高级的舞台，而我们又想成为顶尖高手，就应该换一个更大的"战场"，因为只有"打大仗"才能"出大将"。

我在新媒体写作领域变成顶尖高手，是因为我的第一份新媒体工作就是在垂直领域前几名的公司。我在那个工作岗位上能做得比较优秀，说明我已经很厉害了，而我在那样的岗位上还能继续升级，写出阅读量过百万的文章，然后跳槽去下一家公司，写出很多爆款课程，说明我又升级了。

我真正的大升级，是我给自己开辟了一个"战场"，即创立了一个公众号，并且把这个公众号从 0 做到 100 万粉丝。而这场"大仗"也让我在新媒体写作这件事上变成了一个顶尖高手。

反过来理解，如果你在一个只有 3000 粉丝的公众号上做新媒体编辑，你肯定很难成为新媒体行业的高手。因为在那样的账号上，你永远都在小打小闹。

如果你在一个企业的新媒体部门，每天操心着怎么服务自己的老板而不是读者，那么你就不可能成为一个顶尖高手，因为那里没有这个领域的"大仗"可打。

做其他事情也一样，想做得更厉害，就应该去参加比赛，而且比赛的规格要不断提高。也就是说，你必须不断升级你的"战场"，才有机会在那个领域里成为顶尖高手。我们在前面讲过，只有通过真正的实战，才能练出真功夫。

5. 通往顶尖高手的路上，越到后面越需要修"心"

首先要修的是进取心。

成长停滞往往是从失去了进取心开始的，只要我们还有进取心，哪怕进步很慢，也是会一步一步前进，不会停止。如果说从高手到顶尖高手这个过程是一场自我战争，那么只要失去斗志，这场战争就结束了，我们就不可能在这方面变得更厉害。

因此我们要经常问问自己，还有没有斗志？还想不想做得更好？有没有更高的追求？如果没有，就绝对不可能再进步了。

我非常佩服罗永浩，因为他永远不会失去斗志，永远拥有进取心，还能"折腾"，他不服输，永不言败。

其次要修的是野心、雄心。

我现在看到我们这个行业里的顶尖高手后，还是想要努力超过他们，还是有取而代之的野心。这说明我还可以继续进步。但如果没有了这种野心，我就很难再进步了。

最后要修的是境界和格局。

各个领域的顶尖高手，一定是有境界、有格局的人。这里的境界和格局指的是什么？可以从很多层面去理解，如胸怀、行业使命等。比如张伟丽，她在接受采访的时候就说，她希望在这个领域成为一个传奇。这个境界就很高。

当一个人对某个领域或行业有责任心，就说明他还会持续进步。比如俞敏洪，他做直播不要"坑位费"，他说一旦要了"坑位费"，"拿人手短吃人嘴软"，就有可能把直播这件事做变形，这就是他的格局和境界。他们这个团队在直播这件事上一定会继续进步，因为他们的境界和格局都很大。

总之，如果我们在一个领域真的想成为顶尖高手，越到后面越需要修心。

后记

这本书，对不会用的人来说，它是没用的，看完后什么也没得到；但对会用会学的人来说，这本书会变成他最近几年看到的最有用的书。

这本书讲的东西很简单，可以算是常识，但恰恰是这样的常识，大部分人都没有掌握。所以我经常说，常识最重要，大部分人是没有常识的，比如有的人只听写作课，不真的去写作；有的人做一件事一两年了，竟然从未认真学过一整套系统的认知方法；有的人学一门新技能竟然只学了一两个月就焦虑自己为什么做不好，然后就放弃了；有的人看书、听课都是以快速看完、听完为目标，有的人看啥书、听啥课都是一节一节慢得很；有的人天天实践，但不做改进练习，却又寄希望于随着时间的推移变成高手；等等。这些不都是没有常识的表现吗？

接下来，怎么办？

首先，你要将这些常识铭记在心，变成自觉遵循的原则，再也不会心存侥幸。

其次，你想要掌握一项技能或能力时，在做学习和行动计划前，先拿出这些常识复习一下，辅助你正确认识接下来的"高手之路"，然后根据这些常识制订一个"丢掉幻想、不再侥幸、脚踏实地、科学有效"的高手进阶计划，真干实干，取得结果。

最后，你在任何领域里，在任何技能上，发现自己努力无效，发现自己进步缓慢，发现自己遭遇瓶颈时，在高手之路上遭遇各种困难时，请一定记得拿出这本书来对照自己的行为，找出问题所在，然后认清现实，改进突破。

以上就是这本书的全部内容，希望你带着这些"武器"，在人生路上，在事业发展中，在各种事情上，都能胜人一筹，更快地从新手成为高手，也希望你能在少数事情上有机会成为顶尖高手。

我接下来也会继续践行"我讲的都是我相信的，我讲的我都会去做"这一原则，也会带着这些"武器"，不断摘下新的人生果实，不断建立新功。